개념이 술술! 이해가 쏙쏙!
화학의 구조

개념이 술술!
이해가 쏙쏙!

화학의 구조

다케다 준이치로 감수 | 정한뉘 옮김

시그마북스
Sigma Books

개념이 술술! 이해가 쏙쏙!
화학의 구조

발행일 2025년 2월 10일 초판 1쇄 발행

감수자 다케다 준이치로

옮긴이 정한뉘

발행인 강학경

발행처 시그마북스

마케팅 정제용

에디터 양수진, 최연정, 최윤정

디자인 강경희, 김문배, 정민애

등록번호 제10-965호

주소 서울특별시 영등포구 양평로 22길 21 선유도코오롱디지털타워 A402호

전자우편 sigmabooks@spress.co.kr

홈페이지 http://www.sigmabooks.co.kr

전화 (02) 2062-5288~9

팩시밀리 (02) 323-4197

ISBN 979-11-6862-316-3 (03430)

執筆協力	入澤宣幸、木村敦美
イラスト	桔川シン、堀口順一朗、栗生ゑゐこ、北嶋京輔
デザイン・DTP	佐々木容子 (カラノキデザイン制作室)
校正	西進社
編集協力	堀内直哉

Original Japanese title: ILLUST & ZUKAI CHISHIKI ZERO DEMO TANOSHIKU
YOMERU! KAGAKU NO SHIKUMI supervised by Junichiro Takeda

Copyright © 2024 NAOYA HORIUCHI

Original Japanese edition published by Seito-sha Co., Ltd.

Korean translation rights arranged with Seito-sha Co., Ltd.

through The English Agency (Japan) Ltd. and Eric Yang Agency, Inc

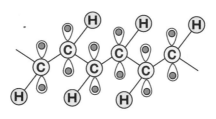

머리말

『화학의 구조』를 펼친 여러분, 감사합니다.

　우리 주변에는 화학 반응이 가득합니다. 플라스틱, 섬유, 고무는 화학 반응으로 만들어졌으며, 요리 재료를 찌거나 구우면 재료에 화학 반응이 일어나 맛있게 먹을 수 있게 변합니다. 그리고 하루하루 먹은 식사가 몸속에서 소화되어 에너지로 바뀌는 현상 역시 화학 반응입니다. 이처럼 우리 주변에서 찾아볼 수 있는 화학을 재미있고 알기 쉽게 소개하고자 하는 마음에 이 책을 쓰게 되었습니다.

　'그런데 화학은 원소 기호도 외워야 하고 반응식도 잔뜩 나오고 머리 아픈 계산도 해야 하는 과목이잖아요?'라고 생각하는 학생이나, '학교 다닐 때 배우긴 했는데 반응식은커녕 원소 기호조차 기억이 안 난다'라는 어른이 있을지도 모르겠네요. 하지만 걱정할 필요 없습니다. 오히려 그런 분들에게 딱 맞는 책입니다.

　교과서나 참고서처럼 처음부터 순서대로 읽을 필요 없이 아무 페이지나 펼쳐도 그 페이지 안에 내용이 정리되어 있어 저마다 흥미로운 주제를 찾아 읽으면 됩니다. 빵이 부푸는 원리, 샴푸와 린스의 차이, 소화기로 불을 끄는 원리, 철 생산

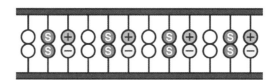

의 역사 등등 우리 주변에 숨어 있는 화학을 한가득 담았습니다. 어려운 화학 반응과 계산식은 가능한 한 **빼고** 단순한 문장과 삽화로 머리에 쏙 들어오도록 구성했습니다. 화학에 대한 궁금증을 갖고 3분 정도만 시간을 내면 한 꼭지를 모두 읽을 수 있습니다.

목차에서 재미있어 보이는 주제를 찾아 페이지를 넘겨보세요. 신선한 매력과 함께 화학의 매력을 발견하게 될 테니까요!

와세다대학 부속 와세다고등학원 교사

다케다 준이치로

차례

제 2 장   더 알고 싶어요! **화학의 이모저모**

제3장 그렇구나! 화학의 발견과 발전

제 **1** 장

우리 주변의 의문과
화학의 구조

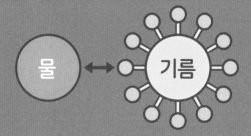

우리 주변에는 수많은 '화학'이 살아 숨 쉬고 있습니다.

"물과 기름은 왜 섞이지 않을까?", "얼음은 왜 물에 뜰까?"처럼

우리 주변에서 흔히 볼 수 있는 현상을 통해 화학의 세계를 만나볼까요?

01 빵은
왜 부풀까?

 그렇 구나! 빵이 부푸는 이유는 이산화탄소 때문이에요.
반죽에 효모나 베이킹소다를 넣기도 해요.

우리는 평소에 폭신폭신하게 부풀어 오른 빵을 당연하게 먹는데요. 애초에 빵을 만들 때 왜 반죽이 부푸는 걸까요?

빵이 부푸는 이유는 반죽을 발효시켰기 때문입니다. 발효란 식품에 들어 있는 미생물이 증식하면서 일어나는 현상으로, 빵에서 발효를 일으킬 때는 효모를 사용합니다. 효모는 실온에서 증식하며 밀가루를 비롯한 당질을 분해해서 만들어진 포도당을 섭취해 알코올과 이산화탄소를 만들어내는데, 이를 알코올 발효라고 합니다. **이 발효 과정에서 나오는 이산화탄소 때문에 반죽이 부푼답니다.**

밀가루에는 **글루텐**이라는 물질이 들어 있는데, 글루텐은 글리아딘과 글루테닌이라는 단백질이 그물처럼 연결된 구조입니다. 이 그물 구조 덕분에 이산화탄소를 가둘 수 있지요(그림).

효모가 없어도 **베이킹소다**(탄산수소 소듐)를 넣으면 **빵이 부풀어 오르는데요.** 베이킹소다는 산과 반응하거나 가열하면 분해되어 이산화탄소를 만들기 때문에 빵을 부풀릴 때도 쓰입니다. 참고로 빵이나 과자를 만들 때 쓰는 베이킹파우더는 베이킹소다와 산성 물질을 혼합한 물질이므로 물에 넣기만 해도 두 물질이 반응해서 이산화탄소가 나옵니다.

빵이 부푸는 원인은 이산화탄소

▶ 빵이 부푸는 원리

1 반죽을 만든다

빵 반죽

밀가루에 물과 효모를 넣고 개면 점성과 탄력이 있는 반죽이 만들어지는데, 이 점성과 탄력이 생기는 이유는 글루텐 덕분이다.

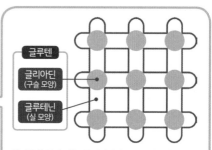

글루텐
글리아딘 (구슬 모양)
글루테닌 (실 모양)

밀가루에 들어 있는 글리아딘과 글루테닌이라는 단백질과 물이 만나 섞이면 입체 그물 구조인 글루텐이 만들어진다.

2 효모가 활동한다

빵 반죽에 랩을 씌우고 따뜻한 온도에 놔두면 효모가 활동한다. 효모는 반죽의 당분을 분해해서 이산화탄소를 만드는데, 이 작용을 알코올 발효※라고 한다.

효모에 의한 알코올 발효

$$C_6H_{12}O_6 \rightarrow 2C_2H_5OH + 2CO_2$$

포도당　　　알코올 (에탄올)　　　이산화탄소

효모
반죽 속 당분
알코올
이산화탄소

3 반죽이 부푼다

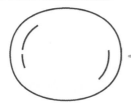

만들어진 이산화탄소가 빵의 골격인 글루텐에 갇히면서 빵이 부풀어 오른다.

※ 발효로 생긴 알코올은 빵을 구울 때 기체가 되어 반죽에서 빠져나갑니다.

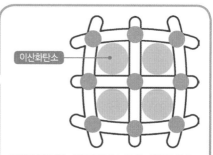

이산화탄소

반죽에 들어 있는 글루텐은 잘 늘어나는 성질이 있다. 그 덕분에 이산화탄소 거품을 잔뜩 담을 수 있어 빵이 부풀어 오른다.

02 밥을 지으면
왜 쌀이 부드러워질까?

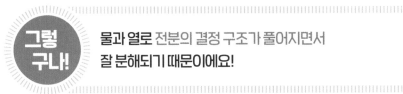

그렇구나! 물과 열로 전분의 결정 구조가 풀어지면서 잘 분해되기 때문이에요!

생쌀은 딱딱해서 씹기 힘들지만, 갓 지은 밥은 부드럽고 윤기가 흐르는데요. 그 이유는 무엇일까요?

쌀의 성분 중 약 **70%**는 전분이라는 물질입니다. 전분은 포도당이 여러 개 연결되어 만들어진 거대한 분자입니다. 당의 일종이며 자당보다 단맛이 적은 포도당은 우리의 뇌에 필요한 에너지원인 만큼 매우 중요한 영양분입니다. 일부 과자에도 들어 있고 요새는 슈퍼나 약국에서 포도당 캔디를 팔기도 합니다.

전분의 결합을 끊어서 작게 나누면 마지막에는 포도당이 만들어지는데, 이 과정에는 **분자 사이에 물을 끼워 넣어 분해하는 가수분해 반응**이 필요합니다. 하지만 밥을 짓기 전의 생쌀은 전분이 촘촘한 결정 구조를 이루고 있으므로 물이 있어도 반응이 일어나지 않습니다. 따라서 밥솥에서 물과 열을 가해 **결정 구조를 풀어주는 과정**이 필요합니다. 분해하기 쉽게 물 분자를 끼워 넣어 부드럽게 만드는 것이지요. 이 과정을 **호화**(젤라틴화)라고 합니다(그림 1).

한편 멥쌀과 찹쌀은 찰기가 다른데, 이는 쌀에 들어 있는 전분의 종류가 다르기 때문입니다. 찹쌀이 멥쌀보다 찰지고 부드러운 이유는 전분 중에서도 **아밀로펙틴**이라는 성분만 들어 있기 때문입니다(그림 2).

전분의 성질을 알면 쌀을 구분할 수 있다

▶ 밥이 부드러운 이유 (그림 1)

쌀의 주성분은 전분입니다. 물과 전분을 가열하면 전분에 물이 들어가 촘촘한 구조가 풀어지면서(호화) 쌀이 부드러워지고 탄력이 생깁니다.

생쌀

전분

갓 지은 밥

수분

가만히 놔둔 밥

생쌀의 전분은 촘촘하게 모여 있는 상태이므로 먹어도 효소가 활동하지 않아 소화할 수 없다.

물과 쌀을 가열하면 전분이 물을 머금으면서 구조가 느슨해진다(호화). 효소의 작용으로 소화할 수 있게 된다.

호화한 밥을 그대로 두면 수분이 빠져나가면서 생쌀의 전분처럼 구조가 촘촘해지고 식감도 퍽퍽해진다.

▶ 멥쌀과 찹쌀의 차이 (그림 2)

찹쌀의 주성분은 아밀로펙틴입니다. 중간에 갈라져 나온 구조 때문에 조리하면 강한 점성이 생기고 떡처럼 쫀득한 식감이 됩니다.

찰진 식감의 원인은 여러 갈래로 뻗은 구조

아밀로펙틴은 포도당이 여러 갈래로 뻗으며 연결된 전분이다. 찹쌀의 성분은 100% 아밀로펙틴이다.

아밀로스는 포도당이 일직선으로 연결되어 만들어진 물질이다. 멥쌀은 아밀로펙틴 80%, 아밀로스 20%로 이루어져 있다.

Q 한라산 정상과 에베레스트 정상 중 어디서 끓인 컵라면이 더 맛있을까?

한라산 〉 or 〉 에베레스트 〉 or 〉 차이가 없다

끓인 물을 넣기만 해도 어디서든 손쉽고 뜨겁게 먹을 수 있는 컵라면. 과연 한라산 정상과 에베레스트 정상에서 컵라면을 먹는다면 어느 쪽이 더 맛있을까요?

실제로 산 정상에 올라서 먹어보지 않아도 **지상에서 유사 체험을 할 수 있답니다.** 해발 1,947m인 한라산 정상에서는 약 95℃에서 물이 끓고, 해발 8,848m인 에베레스트 정상에서는 약 70℃만 되어도 물이 끓어 컵라면을 먹을 수 있거든요. 둘 다 100℃가 되기 전에 물이 끓기 때문에 지상보다 미지근한 컵라면이 되고 말지요.

그렇다면 산 정상에서 100℃가 되기 전에 물이 끓는 이유는 무엇일까요? 용기에

넣은 물은 가만히 두면 증발해서 사라지고, 용기를 가열하면 물이 끓어서 더 빠르게 증발합니다. 이렇게 물이 증발하면서 생긴 증기의 압력을 **증기압**이라고 합니다.

컵라면에는 한 번 가열 조리해서 전분을 호화한 다음 수분을 제거해서 건조함으로써 전분을 호화 상태로 고정한 건조 면이 들어 있습니다. 여기에 끓는 물을 부으면 면이 원래대로 돌아와 컵라면을 먹을 수 있게 되지요.

지상에서 물을 가열하면 증기압

증기압과 끓음

물은 증기압과 외부 압력이 같을 때 끓는다.

● 한라산 정상의 기압은 약 0.8기압이므로
　➡ 약 95℃에서 물이 끓는다.
● 에베레스트산 정상의 기압은 약 0.3기압이므로
　➡ 약 70℃에서 물이 끓는다.

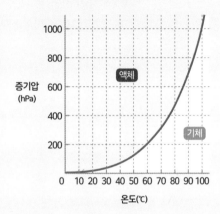

이 지상의 대기압인 1,013hPa(헥토파스칼)과 같은 100℃가 될 때 물이 끓기 시작합니다. **약 0.8기압인 한라산 정상에서는 약 95℃에서 물이 끓기 때문에** 그 이상으로 물이 뜨거워지지 않습니다. 마찬가지로 **에베레스트산 정상의 기압은 약 0.3기압이므로 약 70℃에서 물이 끓습니다.**

참고로 한라산과 에베레스트산의 평균 온도는 각각 약 4℃, -50℃입니다. 물이 미지근해도 면이 풀리는 데 걸리는 시간을 늘리면 부드러운 면발을 먹을 수 있지만, -50℃에서는 순식간에 물이 식어버리지요. 그래서 정답은 '한라산'이랍니다.

03 얼음은 왜 물에 뜰까?

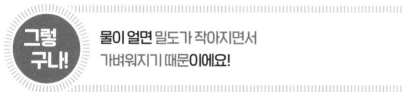

그렇구나! 물이 얼면 밀도가 작아지면서 가벼워지기 때문이에요!

컵에 물과 얼음을 담으면 얼음이 물에 뜨지요. 물과 얼음은 같은 물질인데 왜 얼음이 물에 뜨는 걸까요?

물 분자는 수소 원자 2개와 산소 원자 1개로 이루어져 있습니다. 세 원자가 ㅅ자 형태로 붙어 있는데 산소 원자는 마이너스, 수소 원자는 플러스 전기를 띠고 있습니다. 액체 상태일 때는 이 ㅅ자 형태의 분자가 5~10개씩 뭉쳐서 떠 있습니다. 하지만 고체 상태인 얼음이 되면 산소 원자와 수소 원자가 규칙적인 연결을 이룹니다(수소 결합). ㅅ자 형태인 물 분자가 **서로 연결되면 그물 구조를 만들면서 빈 공간이 생깁니다. 얼음이 물보다 밀도가 작은 이유는 이 때문입니다.** 부피가 같으면 물보다 밀도가 작은 얼음이 가벼워서 물 위에 뜨지요(그림 1).

그렇다면 물고기는 얼어붙은 호수 아래에서 어떻게 얼지 않고 헤엄치고 다닐까요? **물의 밀도는 온도에 따라 바뀌는데, 4℃에서 가장 밀도가 큽니다.** 그래서 기온이 0℃ 아래로 떨어져 물이 얼기 시작하면 수온이 4℃가 될 때까지 물은 점점 무거워져서 호수 바닥으로 가라앉지만, 그보다 온도가 낮아지면 얼음은 떠오르기 때문에 수면 쪽에 얼음이 맺히게 됩니다(그림 2). 그래서 수면이 얼어붙어도 물고기는 호수 바닥에서 살 수 있답니다.

물 분자의 밀도와 관련된 신기한 성질

▶ 얼음이 물에 뜨는 이유는? (그림1)

액체인 물보다 고체인 얼음의 밀도가 작아서 가벼운 만큼 얼음이 물에 뜹니다.

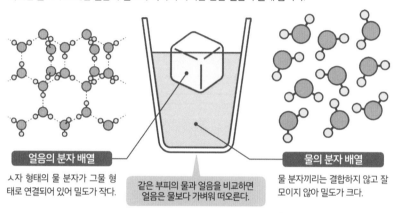

얼음의 분자 배열

ㅅ자 형태의 물 분자가 그물 형태로 연결되어 있어 밀도가 작다.

같은 부피의 물과 얼음을 비교하면 얼음은 물보다 가벼워 떠오른다.

물의 분자 배열

물 분자끼리는 결합하지 않고 잘 모이지 않아 밀도가 크다.

▶ 호수가 얼어도 물고기가 얼지 않는 이유 (그림 2)

수심이 깊은 호수는 겨울에 수면의 온도가 0℃가 되어 얼어도 호수 바닥의 수온은 4℃ 전후로 유지됩니다. 이는 3.98℃일 때 밀도가 가장 큰 물의 성질 때문입니다.

온도에 따른 물의 밀도 변화

물은 3.98℃에서 밀도가 가장 크므로 온도가 그보다 낮거나 높으면 밀도가 작다.

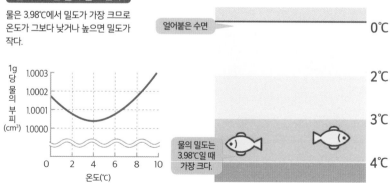

얼어붙은 수면

0℃

2℃

3℃

물의 밀도는 3.98℃일 때 가장 크다.

4℃

1g 당 물의 부피 (cm³)

1.0003
1.0002
1.0001
1.0000

0 2 4 6 8 10
온도(℃)

04 나뭇잎의 색은 왜 바뀔까?

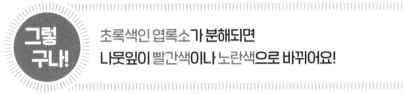

그렇구나! 초록색인 엽록소가 분해되면
나뭇잎이 빨간색이나 노란색으로 바뀌어요!

가을이 되면 나뭇잎이 빨간색이나 노란색으로 바뀌면서 울긋불긋 화려한 풍경이 펼쳐지는데요. 나뭇잎의 색이 바뀌는 이유는 무엇일까요?

일단 잎이 노랗게 되는 이유는 **초록색 색소인 엽록소 분자가 없어지기 때문입니다.** 엽록소는 광합성으로 빛 에너지를 흡수해서 이산화탄소를 양분(전분)으로 바꿉니다. 잎에는 엽록소와 노란색 색소인 카로티노이드가 들어 있는데, 엽록소가 많으면 초록색으로 보입니다.

날이 선선하고 낮이 짧은 가을이 되면 양분을 만드는 빛 에너지도 줄어듭니다. 이때 나무는 에너지를 아끼려고 잎의 활동을 멈춥니다. 그러면 **엽록소가 분해되면서 초록색이었던 나뭇잎의 색이 점점 바랩니다.** 그리고 잎에 떨켜라는 특별한 세포층이 생기면서 전분과 물이 이동하는 통로가 차단됩니다. 갈 곳을 잃은 전분은 잎에 남아 포도당으로 바뀝니다.

나뭇잎에 단풍이 물들 때는 잎에 원래 있던 안토시아니딘과 전분에서 바뀐 포도당이 반응합니다. 그러면 **빨간 안토시아닌 색소가 잔뜩 만들어지면서 잎이 빨갛게 됩니다.** 안토시아니딘이 없는 잎은 안토시아닌이 만들어지지 않고 카로티노이드만 남아 노란색이 됩니다(그림 1).

안토시아닌의 색은 빨강, 파랑, 보라 등 다양하며, 꽃과 과일에 많이 들어 있습니다. **수국이 빨간색이나 파란색으로 바뀌는 것도 안토시아닌 때문이랍니다**(그림 2).

색이 바뀌는 이유는 초록색 엽록소가 분해되기 때문

▶ 나뭇잎의 색이 바뀌는 원리 (그림 1)

나뭇잎의 초록색이 옅어지면 다른 색소가 두드러지면서 색이 바뀝니다.

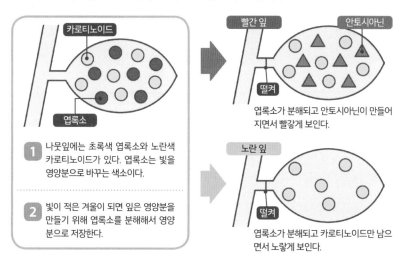

카로티노이드

엽록소

빨간 잎 / 안토시아닌

떨켜

엽록소가 분해되고 안토시아닌이 만들어 지면서 빨갛게 보인다.

노란 잎

떨켜

엽록소가 분해되고 카로티노이드만 남으 면서 노랗게 보인다.

1 나뭇잎에는 초록색 엽록소와 노란색 카로티노이드가 있다. 엽록소는 빛을 영양분으로 바꾸는 색소이다.

2 빛이 적은 겨울이 되면 잎은 영양분을 만들기 위해 엽록소를 분해해서 영양 분으로 저장한다.

▶ 수국 잎의 색이 바뀌는 원리 (그림 2)

산성 흙에서 자란 수국은 파란색인데, 산성 흙에 녹기 쉬운 알루미늄과 안토시아닌이 반응하기 때문 입니다.

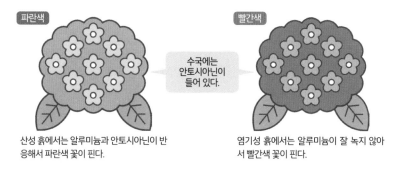

파란색 / 빨간색

수국에는 안토시아닌이 들어 있다.

산성 흙에서는 알루미늄과 안토시아닌이 반 응해서 파란색 꽃이 핀다.

염기성 흙에서는 알루미늄이 잘 녹지 않아 서 빨간색 꽃이 핀다.

05 반딧불이는 왜 빛날까?

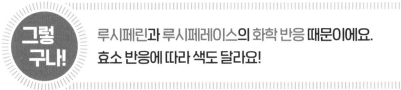

그렇구나! 루시페린과 루시페레이스의 화학 반응 **때문이에요.** 효소 반응에 따라 색도 달라요!

자연의 분위기가 물씬 풍기는 곳이라면 여름밤을 수놓는 반딧불이를 볼 수 있지요. 반딧불이의 엉덩이가 빛나는 원리는 무엇일까요?

수컷 반딧불이와 암컷 반딧불이는 서로 만나기 위해 빛으로 신호를 주고받습니다. 일본에는 약 50종의 반딧불이가 살고 있지만, **실제로 빛을 내는 반딧불이는 세 종류밖에 없다고 해요.** 빛의 세기나 깜박이는 빈도도 저마다 다르다고 하네요.

반딧불이는 루시페린과 루시페레이스의 화학 반응으로 빛을 냅니다. 루시페린은 **빛의 근원인 물질의 총칭이고 루시페레이스는 루시페린과 반응해서 빛나는 효소의** 총칭입니다. 반딧불이의 루시페린은 '반딧불이 루시페린'이라고 합니다(그림).

전 세계의 반딧불이는 2,000종 이상이라고 합니다. 꽁무니에서 나는 빛의 색깔은 초록색, 황록색, 노란색, 심지어 빨간색까지 있을 정도로 다양합니다. 하지만 반딧불이 루시페린은 하나의 공통된 물질입니다. **반딧불의 색이 다른 이유는 반딧불이의 종에 따라 루시페레이스의 형태가 조금씩 다르기 때문입니다.**

구조가 복잡한 단백질인 루시페레이스의 설계도는 유전자에 담겨 있습니다. 진화와 분기를 거치면서 설계도가 조금씩 바뀐 결과 종마다 다른 색깔로 빛나게 되었답니다.

반딧불이의 빛을 만드는 루시페린

▶ 몸 안의 에너지를 사용해서 빛나는 반딧불이

생물이 빛나는 원리는 저마다 다르지만, 발광 물질의 산화라는 공통점이 있습니다.

발광 물질 루시페린

← 효소

← 발광 효소 루시페레이스

1 효소를 촉매로 루시페린이 산화하면 옥시루시페린이 만들어진다.

발광

구애나 경고의 의미라는 설도 있지만, 왜 빛나는지 정확한 이유는 알려지지 않았다.

고에너지 상태의
옥시루시페린
(들뜬 상태)

2 만들어진 옥시루시페린은 에너지가 높고 불안정한 상태이다. 이를 안정시키기 위해 낮은 에너지 상태로 넘어가면서 빛을 내뿜는다.

저에너지 상태의
옥시루시페린
(바닥 상태)

다른 발광 생물

평면해파리

에쿼린과 녹색 형광 단백질(GFP)이라는 두 단백질이 작용하여 초록색으로 빛난다.

매오징어

루시페린과 루시페레이스의 반응으로 희푸르게 빛난다.

갯반디

자극을 받으면 루시페린과 루시페레이스를 입으로 토하면서 희푸르게 빛난다.

06 금박은 정말로 금일까?

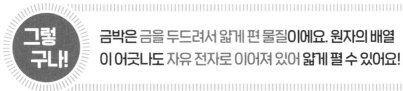

그렇구나! 금박은 금을 두드려서 얇게 편 물질이에요. 원자의 배열이 어긋나도 자유 전자로 이어져 있어 **얇게 펼 수 있어요!**

금박의 두께는 약 0.0001mm(1만분의 1mm)입니다. 음식을 장식할 때도 쓰이는 금박은 과연 진짜 금일까요?

금박은 금을 두드려서 얇게 펴서 만드므로 두말할 필요 없이 금이랍니다. 금을 이렇게까지 얇게 만든 비밀은 바로 **금의 자유 전자**에 있는데요. **0.0001mm 두께의 금박에는 금 원자가 350개나 있다고 합니다.** 금을 비롯한 금속은 금속 원자가 금속 결합으로 연결되어 규칙적인 배열을 이룹니다.

금속 결합을 살펴보면 플러스 전하를 띤 원자핵 주위를 마이너스 전하를 띤 자유 전자가 돌면서 원자끼리 결합을 이루고 있습니다(그림 1). 이 **자유 전자가 금속의 성질을 결정합니다.** 금은 두드리면 넓고 얇게 펴지고 잡아당기면 길게 늘어나는데, 이는 두드려서 원자 배열이 어긋났더라도 결합 자체는 자유 전자에 의해 유지되기 때문입니다. 금이 매우 부드럽고 얇게 펴지는 이유는 이 때문입니다(그림 2).

게다가 금의 자유 전자는 빛을 반사해서 금빛 광택을 내고, 전기 에너지와 열 에너지도 전달합니다. 진한 염산과 진한 질산을 섞은 왕수에는 녹지만, 보통 **금은 물에 넣어도 녹지 않고**(이온이 되지 않고) **다른 물질과도 잘 반응하지 않는 물질입니다.** 그 덕분에 이집트에서 만든 황금 마스크는 3,000년이 넘는 세월의 풍파를 맞으면서도 여전히 찬란한 광채를 뽐내고 있지요.

자유 전자로 원자가 연결된 금속 결합

▶ 자유 전자 (그림1)

금을 비롯한 금속은 수많은 금속 원자가 연결된 결정 구조입니다. 금속 원자끼리는 결정 내부를 자유롭게 돌아다니는 자유 전자로 연결되어 있습니다(금속 결합).

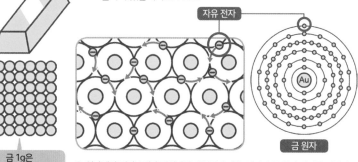

자유 전자

금 원자

금 1g은 3.06×10²¹개의 금 원자로 이루어져 있다.

금 원자에서 전자 1개가 튀어나와 만들어진 자유 전자가 금 원자 사이를 연결하고 있다.

▶ 가공하기 쉬운 금 (그림2)

금속은 자유 전자로 연결되어 있어 잘 변형됩니다.

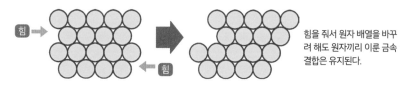

힘

힘

힘을 줘서 원자 배열을 바꾸려 해도 원자끼리 이룬 금속 결합은 유지된다.

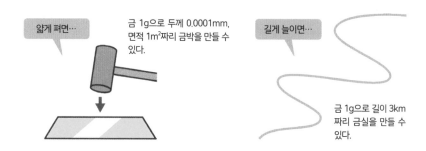

얇게 펴면…

금 1g으로 두께 0.0001mm, 면적 1m²짜리 금박을 만들 수 있다.

길게 늘이면…

금 1g으로 길이 3km 짜리 금실을 만들 수 있다.

Q 바다 냄새는 어디서 나는 걸까?

물 냄새 or 물고기 냄새 or 유황 냄새

바닷가에 가면 어디선가 풍겨 오는 묘한 냄새를 맡을 수 있는데요. 바다에 가까워질수록 다른 곳에서는 맡아본 적 없는 독특한 물 내음이 나지요. 이 냄새는 어디서 오는 걸까요?

바다에는 수많은 생물이 살고 있고 바닷물에는 다양한 물질이 녹아 있습니다. 물 자체는 냄새가 나지 않는데, 대체 바다 냄새의 원인은 무엇일까요?

그 정체는 바로 황화다이메틸(DMS)이라는 유기 황 화합물입니다. 바다에 사는 해조류와 식물성 플랑크톤은 바닷물에 녹아 있는 황산 이온을 흡수해서 **다이메틸설포니오프로피오네이트(DMSP)라는 유기 황 화합물을 만듭니다.** 삼투압을 조절해서 해조류의 세포에서 물이 빠져나오지 않도록 하기 위해서이지요.

해조류가 다이메틸설포니오프로피오네이트를 바닷물로 내보내면 해양 미생물이 이를 분해해서 황화다이메틸을 만듭니다. 바닷물에 잘 녹지 않는 황화다이메틸은 대기 중으로 방출되면서 바다 냄새의 원인이 됩니다.

따라서 정답은 '유황(화합물) 냄새'입니다.

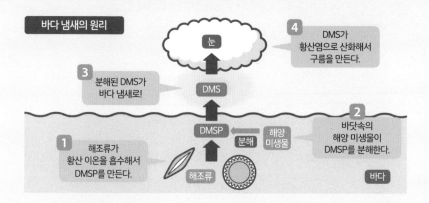

바다 냄새의 원리

4 DMS가 황산염으로 산화해서 구름을 만든다.

눈

3 분해된 DMS가 바다 냄새로!

DMS

2 바닷속의 해양 미생물이 DMSP를 분해한다.

DMSP

분해 해양 미생물

1 해조류가 황산 이온을 흡수해서 DMSP를 만든다.

해조류

바다

황화다이메틸은 구름을 만드는 물질이기도 합니다. 구름은 물 입자가 모여서 만들어지는데요. 대기 중의 황화다이메틸이 산화해서 황산 에어로졸(대기 중에 떠다니는 미세한 액체)이 만들어지면 물 입자가 모여 구름을 만드는 중심인 응결핵이 됩니다. 오늘날 과학자들은 지구의 기후가 변하는 원리를 밝히기 위해 황화다이메틸의 방출량을 측정해서 연구하고 있습니다.

한편 **황화다이메틸은 지구 바깥의 생명체를 찾을 단서**일지도 모른다고 합니다. 지구상의 황화다이메틸은 오로지 생명체에서만 만들어지는 물질입니다. 현재 우주 망원경은 관측한 행성의 대기를 구성하는 화학 물질을 분석할 수 있는데, 만약 다른 행성에서 황화다이메틸이 관측된다면 그 행성에 생명체가 존재할 가능성이 있을지도 모르겠네요.

07 고기를 구우면
왜 색이 변할까?

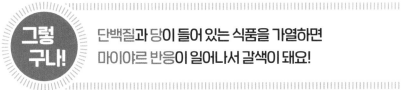

그렇구나! 단백질과 당이 들어 있는 식품을 가열하면
마이야르 반응이 일어나서 갈색이 돼요!

고기를 구우면 새빨갰던 생고기가 갈색으로 변하면서 우리의 식욕을 돋우지요. 이처럼 고기의 먹음직스러운 변화는 고기 안에 함께 사는 **당과 단백질이 가열되면서 나타납니다.**

단백질은 다양한 아미노산이 결합해서 만들어진 물질입니다. 이 아미노산과 함께 고기에 들어 있는 당이 동시에 가열되면 **멜라노이딘**이라는 갈색 성분이 나오는데, 이를 **마이야르 반응**이라고 합니다. 고기의 마이야르 반응은 단백질을 구성하는 아미노산인 아르지닌, 라이신, 글루탐산, 그리고 마찬가지로 고기에 들어 있는 당인 포도당과 젖당이 반응해서 일어납니다(그림).

그런데 **마이야르 반응은 고기에서만 일어나는 반응이 아닙니다.** 핫케이크와 쿠키에서도 일어나지요. 아미노산과 자당이 마이야르 반응을 일으키면 밀가루가 갈색으로 구워집니다. 밀가루는 약 70%가 탄수화물(전분)이지만, 약 10%는 단백질이므로 글루탐산을 비롯한 각종 아미노산이 들어 있습니다. 된장, 간장, 맥주, 커피가 갈색인 이유도 모두 마이야르 반응 때문이랍니다.

마이야르 반응이라는 이름은 1912년에 이 반응을 처음 발견한 프랑스의 과학자 루이 카미유 마이야르에서 따왔습니다.

마이야르 반응으로 음식을 맛있게!

▶ 마이야르 반응이란 무엇일까?

고기가 노릇노릇 구워지면서 좋은 냄새가 날 때 일어나는데, 실체는 아미노산(아미노 화합물)과 당(카보닐 화합물)의 화학 반응이에요.

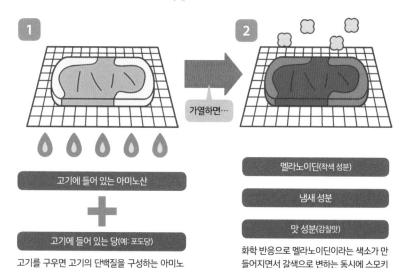

1

가열하면…

2

고기에 들어 있는 아미노산

+

고기에 들어 있는 당(예: 포도당)

고기를 구우면 고기의 단백질을 구성하는 아미노산과 고기에 들어 있는 당이 반응한다.

멜라노이딘(착색 성분)

냄새 성분

맛 성분(감칠맛)

화학 반응으로 멜라노이딘이라는 색소가 만들어지면서 갈색으로 변하는 동시에 스모키향과 감칠맛을 내는 화합물이 만들어진다.

마이야르 반응의 사례

빵을 구우면 마이야르 반응으로 멜라노이딘이 만들어진다.

간장과 된장 냄새는 마이야르 반응으로 만들어진 메티오날이 원인이다.

맥주가 갈색인 이유는 맥아즙의 단백질과 당이 마이야르 반응을 일으켰기 때문이다.

08 고기를 조리하면 왜 부드러워질까?

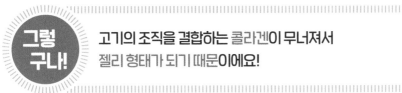

그렇구나! 고기의 조직을 결합하는 콜라겐이 무너져서 젤리 형태가 되기 때문이에요!

고기를 스튜처럼 뭉근하게 끓이면 부드러워지는데요. 이는 **콜라겐**이라는 단백질이 물과 함께 가열되면서 젤라틴화할 때 일어나는 현상입니다.

섬유 형태의 단백질인 콜라겐은 뼈, 연골, 피부를 비롯한 세포와 세포를 결합하는 접착제 같은 역할을 합니다. 콜라겐은 약 65℃에서 수축해서 단단해지지만, **75~85℃가 되면 빠르게 젤라틴화, 즉 부드러워집니다**(그림 1). 고기를 삶거나 끓였을 때 부드러워지는 이유는 접착제인 콜라겐이 녹은 젤리처럼 변하기 때문이지요.

단백질은 보통 각종 아미노산이 여러 개 연결된 물질입니다. 이 아미노산들이 연결된 순서를 아미노산 배열이라고 하며, 한 줄로 연결되어 있으면 1차 구조라고 합니다. 1차 구조인 단백질끼리 나선형이나 끈처럼 연결되어 구부러진 2차 구조, 고유하게 접힌 3차 구조, 복잡한 단백질 분자가 이리저리 합쳐진 4차 구조 등 단백질의 형태는 다양하고 복잡합니다(그림 2).

단백질을 가열하면 2차 구조와 3차 구조가 파괴됩니다. 이렇게 한번 파괴된 단백질은 차게 식혀도 원래대로 돌아오지 않지요. 삶은 달걀이 다시 투명하고 걸쭉한 상태로 돌아가지 않는 이유도 이 때문이랍니다.

고기에 콜라겐이 많으면 부드러워진다!

▶ 고기가 부드러워지는 원리 (그림1)

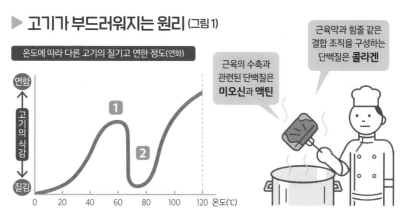

온도에 따라 다른 고기의 질기고 연한 정도(연화)

연함
↑
고기의 식감
↓
질김

0 20 40 60 80 100 120 온도(℃)

근육의 수축과 관련된 단백질은 **미오신**과 **액틴**

근육막과 힘줄 같은 결합 조직을 구성하는 단백질은 **콜라겐**

1 미오신과 액틴이라는 근원섬유 단백질은 대부분 65℃에서 응고한다. 그 이상의 온도로 가열하면 단백질이 더 수축하면서 단단해진다.

2 콜라겐은 가열하면 약 65℃에서 수축해서 단단해진다. 그리고 75~85℃가 되면 급속도로 젤라틴화되어 고기가 부드러워진다.

▶ 단백질 구조의 변화 (그림2)

단백질은 아미노산이 사슬처럼 이어져 있으며 형태에 따라 기능이 다릅니다.

1차 구조

아미노산이 사슬처럼 이어져 있는 물질(폴리펩타이드 사슬). 연결된 아미노산의 순서와 개수에 따라 단백질의 종류가 다르다.

2차 구조

폴리펩타이드 사슬로 이루어진 단백질 곁사슬 (➡p.42)이 특징적인 입체 구조를 만든다.

3차 구조

폴리펩타이드 사슬 전체에서 최종적으로 만들어지는 입체 구조이며 이때부터 단백질로 기능한다.

4차 구조

3차 구조끼리 결합한 집합체로, 헤모글로빈을 비롯한 일부 단백질이 이에 해당한다.

[그림 1] 출처: 『고기의 과학(肉の科学)』

09 우유는 왜 하얀색일까?

그렇구나!

우유에 들어 있는 **단백질 입자**와
지방 소구체에 빛이 산란하기 때문이에요!

우유가 뽀얗고 하얀 이유는 무엇일까요?

우유를 현미경으로 들여다보면 투명한 액체에 작은 입자들이 떠다니고 있는데요. 이 입자의 정체는 바로 **물에 녹지 않는 단백질인 카세인과 지방 소구체**입니다. 우유에 떠다니는 카세인 입자와 지방 소구체의 수는 1mL당 각각 평균 15조 개, 60억 개입니다. 우유에 떠 있는 입자와 부딪친 햇빛은 이리저리 반사되는데, 이 현상을 **산란**이라고 하며 우유에서 일어나는 산란을 **미 산란**이라고 합니다.

햇빛은 흰색처럼 보이지만 사실 다양한 색의 빛이 모여 있습니다. 그런데 **우유의 입자는 이 다양한 색으로 이루어진 빛을 균등하게 산란합니다**(미 산란). 그리고 수많은 입자가 대부분 균일하게 우유에 떠 있어 입자와 입자 사이에서 빛의 산란이 끊임없이 일어납니다. 그러니까 **우유가 하얗게 보이는 이유는 산란한 빛이 균등하게 섞이기 때문입니다**(그림 1).

우유처럼 액체나 기체에 지름 1nm~수백 nm짜리 입자가 균일하게 분산된 상태를 **콜로이드**라고 합니다. 콜로이드 상태인 물질은 우리 주변에도 많답니다(그림 2). 하늘에 떠 있는 구름도 공기 중의 미세한 물 입자가 분산한 콜로이드로, 구름이 하얗게 보이는 이유도 우유와 같습니다.

우유에는 입자가 균일하게 떠다닌다!

▶ 우유는 왜 하얗게 보일까? (그림1)

우유에 떠 있는 단백질 입자와 지방 소구체에 빛이 부딪쳐 난반사하기 때문입니다.

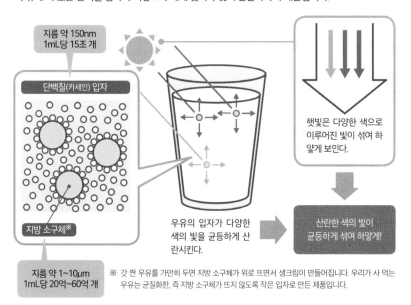

지름 약 150nm
1mL당 15조 개

단백질(카세인) 입자

지방 소구체※

지름 약 1~10μm
1mL당 20억~60억 개

햇빛은 다양한 색으로 이루어진 빛이 섞여 하얗게 보인다.

우유의 입자가 다양한 색의 빛을 균등하게 산란시킨다.

산란한 색의 빛이 균등하게 섞여 하얗게!

※ 갓 짠 우유를 가만히 두면 지방 소구체가 위로 뜨면서 생크림이 만들어집니다. 우리가 사 먹는 우유는 균질화한, 즉 지방 소구체가 뜨지 않도록 작은 입자로 만든 제품입니다.

▶ 대표적인 콜로이드 (그림2)

콜로이드는 우리 주변에서 흔히 찾아볼 수 있습니다.

		콜로이드 입자 종류(분산질)		
		기체	액체	고체
콜로이드를 분산시키는 물질 (분산매)	기체	존재하지 않음	구름 (공기/물방울)	연기 (공기/입자)
	액체	맥주 거품 (맥주/CO₂)	마요네즈 (식초/기름)	먹물 (물/먹)
	고체	마시멜로 (당류/공기)	젤리 (젤라틴/물)	착색유리 (유리/착색제)

10 물과 기름은 왜 섞이지 않을까?

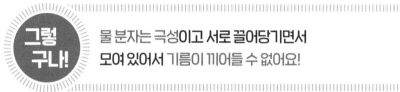

그렇구나! 물 분자는 극성이고 서로 끌어당기면서 모여 있어서 기름이 끼어들 수 없어요!

물과 샐러드 오일을 차례로 컵에 넣으면 물층과 기름층으로 깔끔하게 나뉘어 섞이지 않지요. 물과 기름으로 분리되는 이유는 **물이 극성 분자로 이루어진 액체**이고 **기름이 무극성 분자로 이루어진 액체**이기 때문입니다.

물 분자는 산소 원자와 수소 원자로 이루어져 있습니다. 두 원자는 전자를 끌어당기는 힘이 서로 다른데, 산소 원자가 전자를 끌어당기는 힘이 더 강합니다. 그리고 물 분자의 구조는 ㅅ자 형태입니다. 이 때문에 산소 원자는 마이너스 전하, 수소 원자는 플러스 전하를 띠게 됩니다. 이처럼 전기적으로 치우친 상태를 극성이라고 하며 극성인 분자를 **극성 분자**라고 합니다.

한편 기름 분자는 탄소와 수소가 여러 개 결합한 구조입니다. 탄소 원자와 수소 원자는 전자를 끌어당기는 힘이 비슷하므로 기름 분자는 전체적으로 극성이 거의 없는 **무극성 분자**입니다.

전기적으로 치우친 극성 분자는 서로 끌어당겨 모이는 성질이 있으며 특히 물 분자는 서로 강하게 끌어당깁니다. 그래서 기름 분자가 끼어들 수 없어서 물과 기름층은 섞이지 않지요(그림 1).

하지만 그런 **물과 기름도 계면 활성제(유화제)가 있으면 섞일 수 있습니다**(그림 2). 그리고 이 원리를 이용하면 마요네즈처럼 분리되지 않을 만큼 유화시킨 액체도 만들 수 있습니다.

물과 기름을 섞이게 하는 계면 활성제

▶ 물과 기름이 분리되는 이유
(그림1)

물 분자는 극성 분자이므로 서로 끌어당겨 모이는 성질이 있습니다. 기름 분자는 물 분자들 사이에 끼어들 수 없습니다.

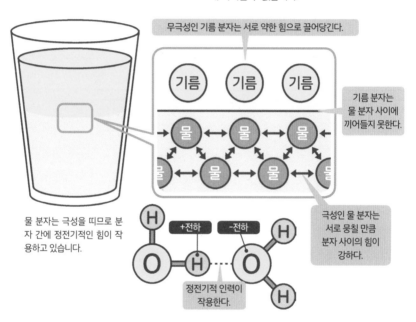

무극성인 기름 분자는 서로 약한 힘으로 끌어당긴다.

기름 기름 기름

기름 분자는 물 분자 사이에 끼어들지 못한다.

물 ↔ 물 ↔ 물

물 ↔ 물 ↔ 물 ↔ 물

물 분자는 극성을 띠므로 분자 간에 정전기적인 힘이 작용하고 있습니다.

+전하 -전하

정전기적 인력이 작용한다.

극성인 물 분자는 서로 뭉칠 만큼 분자 사이의 힘이 강하다.

▶ 계면 활성제의 작용 (그림2)

계면 활성제는 물과 기름을 섞이게 하는 물질로, 물 분자와 기름 분자의 성질을 바꾸어 균일하게 섞습니다(유화).

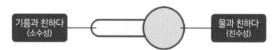

기름과 친하다 (소수성)

물과 친하다 (친수성)

계면 활성제는 한 분자 안에 친수기와 소수기를 둘 다 가지고 있다.

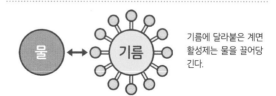

물 ↔ 기름

기름에 달라붙은 계면 활성제는 물을 끌어당긴다.

11 파마를 하면 왜 곱슬머리가 될까?

그렇구나! 머리카락 안쪽의 결합을 약으로 끊고 컬에 맞춰 이어 붙이기 때문이에요!

파마했을 때 머리를 감아도 곱슬곱슬하게 유지되는 이유는 무엇일까요? 여기에는 산화 환원 반응이 깊게 관련되어 있어요.

머리카락의 강도, 탄력, 모양, 성질은 **머리카락 내부의 단백질이 어떻게 결합했느냐에 따라 결정됩니다.** 그중에서도 직모인지 곱슬머리인지를 결정하는 결합은 세 종류입니다. 바로 수소 결합, 이온 결합, 이황화 결합이지요(➡p.42). **파마할 때는 단백질의 결합을 끊은 다음 새로 이어 붙여 곱슬머리를 만들기 위해 두 종류의 약을 사용합니다.**

첫 번째 약에 들어 있는 **환원제, 알칼리제, 물은 세 종류의 결합을 끊는 역할을 합니다.** 환원제는 수소를 더해서(환원) 이황화 결합을 끊고 알칼리제는 이온 결합을, 물은 수소 결합을 각각 잘라냅니다. 그리고 이어서 미용 도구로 머리카락을 말아서 컬을 넣습니다.

두 번째 약에는 과산화수소 같은 **산화제가** 들어 있는데, 산화제는 **산소를 방출해서 수소를 빼앗음으로써(산화) 컬을 유지한 채 이황화 결합을 다시 만듭니다.** 그렇게 하면 곱슬머리가 고정되지요. 약산성 환경에서는 머리카락의 이온 결합이 다시 만들어지고, 머리를 말리면 수소 결합도 만들어집니다. 파마는 이처럼 분자를 자르고 이어 붙이는 과정이랍니다(그림).

직모와 곱슬머리를 자유자재로 바꾸는 세 종류의 결합

▶ 파마의 원리

1 직모일 때는 세 종류의 결합이 나란히 정렬하고 있다

세 종류의 곁사슬 결합이 머리카락의 모양을 결정합니다. 파마는 이 결합을 모두 끊고 원하는 모양을 만든 다음 재결합해서 모양을 고정하는 과정입니다.

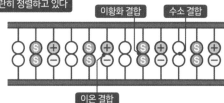

2 1제의 환원 반응으로 세 종류의 결합이 모두 끊어진다

1제를 바르면 곁사슬 결합이 전부 끊어집니다.

● 알칼리제가 이온 결합을 끊는다.
● 환원제인 싸이오글리콜산과 시스테인이 수소를 더해서(환원) 이황화 결합을 끊는다.
● 물이 수소 결합을 끊는다.

3 원하는 모양을 만들면 2제가 결합을 다시 만들어 고정한다

머리카락을 원하는 모양으로 만들면 1제를 씻어냅니다. 이어서 2제를 바르면 곁사슬 결합이 다시 만들어집니다.

● 산화제인 브로민산염 또는 과산화수소가 방출하는 산소가 수소를 빼앗으면(산화) 이황화 결합이 다시 만들어진다.
● 머리카락을 다시 약산성으로 만들면 이온 결합이, 머리카락을 말리면 수소 결합이 만들어진다. 머리카락이 고정되면서 파마가 완성된다.

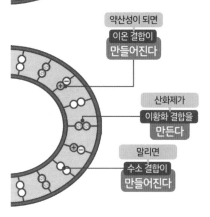

출처: 『BASIC CHEMICAL 개정판(ベーシックケミカル改訂版)』을 참고하여 작성.

12 이온이 머리카락을 보호한다고? 샴푸와 린스에 숨은 화학

그렇구나! 음이온으로 피지를 씻어내고 양이온으로 정전기를 억제해요!

샴푸는 기름기를 씻어내고 린스(컨디셔너)는 머릿결을 부드럽게 만들죠. 둘 다 계면 활성제(➡p.36)가 들어 있어 **이온의 힘이 작용하기 때문**이에요. 이온은 원자에 전자가 덧붙거나 빠지면서 전기를 띤 원자를 가리킵니다.

샴푸의 계면 활성제 성분은 물속에서 음이온이 됩니다. 계면 활성제는 한 분자 안에 **물에 잘 녹지 않는 부분(소수기)과 물에 잘 녹는 부분(친수기)**이 둘 다 있습니다. 소수기가 두피의 피지에 달라붙어 둘러싸면 피지가 머리카락에서 떨어져 계면 활성제 성분으로 뒤덮입니다. 그리고 머리카락은 음전하를 띠기 때문에 피지를 덮은 계면 활성제의 친수기 표면의 음전하와 반발합니다. 이 때문에 피지는 다시 머리카락에 붙지 않지요(그림 1).

한편 린스의 계면 활성제 성분은 물속에서 양이온이 됩니다. 이때 친수기는 양전하를 띠므로 음전하를 띤 머리카락에 이끌려 머리카락 전체를 덮습니다. **바깥쪽에 늘어선 소수기가 린스에 들어 있는 기름 성분을 끌어당겨 머리카락을 덮기 때문**에 정전기가 잘 일어나지 않고 매끈하고 부드러운 머릿결이 됩니다(그림 2).

참고로 트리트먼트는 머리카락이 젖어서 열린 큐티클을 통해 기름 성분과 보습제를 침투시켜 수분을 보충하는 영양제입니다.

머릿결 관리에 필수인 계면 활성제

▶ 샴푸의 원리 (그림1)

음전하를 띤 친수기가 피지를 떼어냅니다.

1 샴푸의 계면 활성제 중 소수기가 기름때에 달라붙는다.

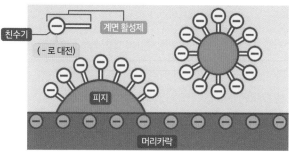

2
떨어진 기름때는 바깥쪽의 친수기(-로 대전)가 물에 섞여 분산된다.

3 젖은 머리카락이 음전하를 띠므로 기름때가 다시 붙지 않는다.

▶ 린스의 원리 (그림2)

양전하를 띤 친수기가 머리카락에 이끌리면 그 위를 기름 성분이 덮습니다.

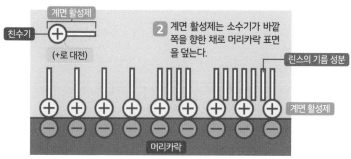

1 린스의 계면 활성제 중 친수기(+로 대전)가 음전하를 띤 머리카락에 이끌린다.

3 기름과 친화성이 큰 소수기는 린스의 기름 성분을 끌어당김으로써 정전기를 방지하고 머릿결을 부드럽게 한다.

13 비 오는 날에는 왜 머리카락이 부스스해질까?

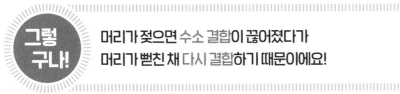

그렇구나! 머리가 젖으면 수소 결합이 끊어졌다가 머리가 뻗친 채 다시 결합하기 때문이에요!

다들 비 오는 날이나 습도가 높은 날이 되면 머리카락이 부스스하게 뻗쳤던 경험 있지 않으신가요? 왜 습도가 높으면 머리카락이 차분하게 정리되지 않을까요?

머리카락의 주성분은 케라틴이라는 단백질입니다. 단백질은 아미노산이라는 작은 분자로 이루어져 있다고 앞에서 설명했지요. **케라틴은 사슬처럼 길게 연결된 아미노산이 주사슬입니다.** 그런 케라틴이 수없이 모여 한 가닥의 머리카락이 됩니다. 그리고 **주사슬끼리는 곁사슬로 이어져 있는데요.** 이 곁사슬 결합 덕에 머리카락의 강도와 탄력이 생깁니다.

곁사슬 결합에는 수소 결합, 이온 결합, 이황화 결합이 있는데, **비 오는 날 머리가 뻗치는 원인은 수소 결합입니다**(그림 1). 수소 결합은 물을 만나면 간단하게 끊어지고 수분이 마르면 바로 다시 복구됩니다. 머리카락은 수분을 잘 흡수하므로 공기 중의 수증기가 바로 머리카락 안으로 들어와 수소 결합을 끊고, **머리가 뻗친 상태로 수소 결합이 다시 만들어지면 부스스해집니다**(그림 2).

머리카락이 손상되어 표면의 큐티클이 떨어져 나가면 그만큼 물이 들어오기 쉬워지지요. 그래서 큐티클이 벌어지지 않도록 머리카락 표면을 코팅하는 헤어 스타일링 제품을 사용하는 거랍니다.

물에 젖으면 끊어지는 수소 결합

▶ 머리카락의 구조 (그림1)

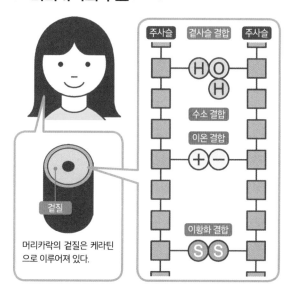

머리카락의 겉질은 케라틴으로 이루어져 있다.

겉사슬 결합이란?

수소 결합
수소 원자를 매개로 한 분자와 분자 사이의 결합. 결합력이 약해서 물에 젖으면 끊어진다.

이온 결합
각각 양전하와 음전하를 띤 분자의 정전기적 인력에 의한 결합.

이황화 결합
케라틴을 구성하는 아미노산인 시스테인 사이의 결합. 겉사슬 중 튼튼한 결합.

▶ 머리카락이 물에 젖으면… (그림2)

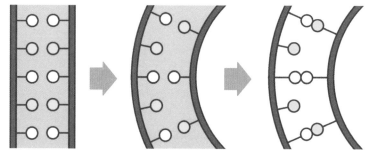

물에 젖으면 수소 결합이 끊어진다.

수소 결합이 끊어지면 머리카락이 뻗친다.

수분이 말라 수소 결합이 다시 만들어지면 뻗친 머리가 고정된다.

Q 자는 동안 왜 머리가 헝클어질까?

방이
건조해서 **or** 땀 같은
수분 때문에 **or** 자기도 모르게
손으로 눌러서

아침에 일어났더니 머리카락이 눌려서 아무리 빗질해도 소용없을 때가 있죠. 누구나 경험한 적 있을 텐데요. 자면서 머리가 헝클어지는 이유는 무엇일까요?

그 이유는 머리카락 안에 있는 세 종류의 결합 때문입니다(➡ p.42). 그중에서도 **새집 머리와 관련된 요인은 수소 결합**입니다.

수소 결합은 수소 원자의 양전하와 산소 원자의 음전하로 이루어진 약한 결합입니다. 그래서 머리카락이 젖으면 쉽게 끊어졌다가 말리면 바로 다시 이어집니다.

예를 들어 머리를 감고 나서 드라이기를 쓰지 않고 자연 건조하면 머리는 뻗친 상태 그대로인데요. 이는 **머리가 뻗친 상태에서 수소 결합이 다시 만들어졌기 때문입니다.** 마찬가지로 머리카락이 젖은 채로 자면 더 뻗치기 쉽습니다.

이를테면 젖어서 수소 결합이 끊어진 머리카락이 베개에 눌릴 때가 그렇습니다. 머리카락이 눌린 채로 자면서 머리카락이 마르면 수분이 빠져나갑니다. 그러면 **머리카락은 뻗쳐 있는데 수소 결합이 만들어져 고정되지요.**

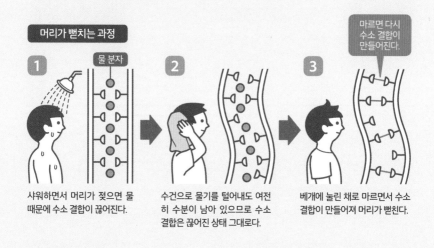

머리가 뻗치는 과정

1. 샤워하면서 머리가 젖으면 물 때문에 수소 결합이 끊어진다.
2. 수건으로 물기를 털어내도 여전히 수분이 남아 있으므로 수소 결합은 끊어진 상태 그대로다.
3. 베개에 눌린 채로 마르면서 수소 결합이 만들어져 머리가 뻗친다.

마르면 다시 수소 결합이 만들어진다.

머리를 잘 말리고 자면 머리가 뻗치지 않도록 예방할 수 있습니다. 하지만 자면서 땀을 흘리면 땀의 수분 때문에 수소 결합이 끊어져서 머리가 뻗치기도 합니다. 잘 때는 베개 모양에 신경 쓰고 쾌적한 온습도를 유지하는 것이 중요합니다. 뻗친 머리는 수소 결합 때문이므로 머리카락이 젖어서 수소 결합이 끊어졌다면 잘 말려서 수소 결합을 새로 만들면 됩니다. 따라서 정답은 '땀을 비롯한 수분 때문'입니다.

14 먹은 음식은 어떻게 될까? 소화에 숨은 화학

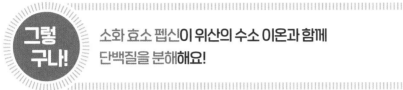
그렇구나! 소화 효소 펩신이 위산의 수소 이온과 함께 단백질을 분해해요!

우리가 먹은 음식은 몸속에서 소화된 다음 영양소가 되어 몸 이곳저곳에 쓰입니다. 과연 소화기에서는 어떤 일이 일어날까요?

일단 입으로 들어간 음식은 위에 도달합니다. 위액에는 염산도 있고 **펩신이라는 단백질 분해 효소**도 있습니다. 효소란 특정 화학 반응을 일으키면서도 그 자신은 변하지 않는 **촉매**로 작용하는 분자입니다.

펩신은 위벽에서 나오기 전까지 펩시노젠이라는 재료 상태로 존재합니다. 처음부터 소화 능력이 있으면 위 자체를 소화해버리기 때문이지요. **위에서 염산의 수소 이온과 만나면 비로소 펩신은 단백질을 아미노산으로 분해하는 능력을 얻습니다.**

단백질은 아미노산이 끈처럼 연결되어 입체적으로 뒤얽힌 구조입니다. 펩신은 이 끈을 끊는 성질이 있는데, 한 가닥밖에 끊지 못합니다. 여기서 염산의 수소 이온이 등장하는데요. **염산이 아미노산의 끈 구조를 무너뜨리면** 펩신이 끈을 쉽게 끊을 수 있게 됩니다. 풀어진 단백질에 분해 능력이 있는 펩신이 결합해서 아미노산을 분해(소화)합니다(그림 1).

단백질을 비롯하여 3대 영양소의 소화 과정에는 공통으로 효소가 작용한답니다 (그림 2).

음식을 몸에 흡수되는 형태로 분해하는 소화

▶ 위에서 일어나는 소화 과정 (그림 1)

염산(위산)과 효소의 작용으로 단백질이 분해됩니다.

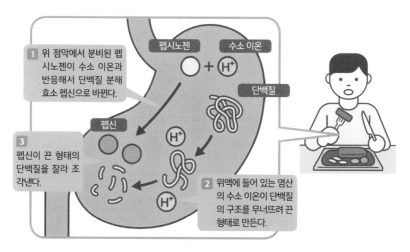

펩시노젠 **수소 이온**

1 위 점막에서 분비된 펩시노젠이 수소 이온과 반응해서 단백질 분해 효소 펩신으로 바뀐다.

단백질

펩신

3 펩신이 끈 형태의 단백질을 잘라 조각낸다.

2 위액에 들어 있는 염산의 수소 이온이 단백질의 구조를 무너뜨려 끈 형태로 만든다.

▶ 화학 반응으로 분해되는 3대 영양소 (그림 2)

탄수화물과 지질은 단백질과 마찬가지로 3대 영양소입니다. 저마다 대응하는 효소가 각 영양소를 몸에 흡수할 수 있도록 분해합니다.

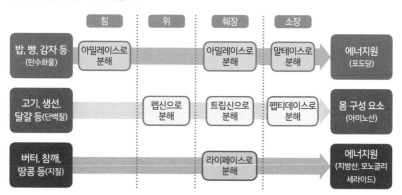

	침	위	췌장	소장	
밥, 빵, 감자 등 (탄수화물)	아밀레이스로 분해		아밀레이스로 분해	말테이스로 분해	**에너지원** (포도당)
고기, 생선, 달걀 등(단백질)		펩신으로 분해	트립신으로 분해	펩티데이스로 분해	**몸 구성 요소** (아미노산)
버터, 참깨, 땅콩 등(지질)			라이페이스로 분해		**에너지원** (지방산, 모노글리세라이드)

15 술은 어떤 화학 변화를 거쳐 만들어질까?

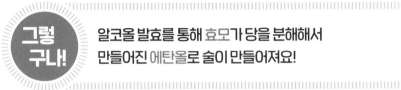

그렇구나! 알코올 발효를 통해 효모가 당을 분해해서 만들어진 에탄올로 술이 만들어져요!

포도 주스에서 와인이 만들어진다니⋯. 술은 어떤 원리로 만들어질까요?

모든 술은 효모가 식품에 들어 있는 당질을 알코올(에탄올)로 분해해서 만들어지며 이를 **알코올 발효라고 합니다**(그림).

와인은 오래전부터 전해 내려온 술인데, 포도 껍질에 들어 있는 천연 효모에 포도를 으깨서 만든 과즙이 알코올 발효해서 자연스럽게 만들어진 결과물이 최초의 와인입니다. 고대 그리스 시대의 와인은 진하고 끈끈해서 물을 타서 마셨다고 합니다. 오늘날에는 **포도 과즙의 포도당과 과당을 포도 껍질 속의 자연 효모 또는 배양 효모에 들어 있는 자이메이스라는 효소로 알코올 발효해서 와인을 만듭니다.**

맥주는 기원전 3000년쯤 수메르인이 건조한 맥아와 밀가루로 만든 빵을 부숴서 물에 넣고 자연 발효해서 만들었습니다. 고대 이집트에서는 맥주와 빵을 급여로 주었는데, 알코올 도수는 약 10%였다고 합니다. 오늘날에는 **보리에 싹이 나면 만들어지는 맥아당을 발효해서 포도당으로 분해한 다음 효모로 알코올 발효해서** 맥주를 만듭니다.

한편 막걸리의 원료는 쌀입니다. 누룩이 쌀의 전분을 분해해서 만들어진 포도당을 효모가 알코올 발효하면 막걸리가 만들어집니다.

알코올 발효로 만든 양조주

▶ 술을 만드는 방법

효모가 당을 에탄올(에틸알코올)로 분해하면 양조주가 만들어집니다.

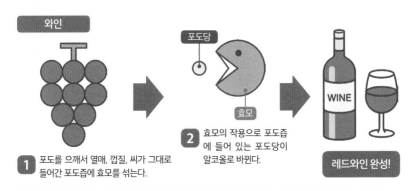

와인

1 포도를 으깨서 열매, 껍질, 씨가 그대로 들어간 포도즙에 효모를 섞는다.

포도당

효모

2 효모의 작용으로 포도즙에 들어 있는 포도당이 알코올로 바뀐다.

WINE

레드와인 완성!

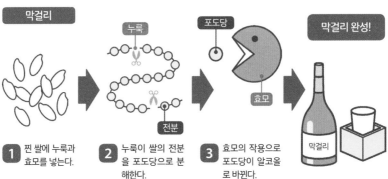

막걸리

누룩

전분

포도당

효모

막걸리 완성!

막걸리

1 찐 쌀에 누룩과 효모를 넣는다.

2 누룩이 쌀의 전분을 포도당으로 분해한다.

3 효모의 작용으로 포도당이 알코올로 바뀐다.

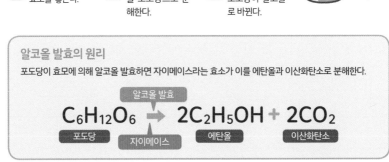

알코올 발효의 원리

포도당이 효모에 의해 알코올 발효하면 자이메이스라는 효소가 이를 에탄올과 이산화탄소로 분해한다.

$$C_6H_{12}O_6 \xrightarrow{\text{알코올 발효}} 2C_2H_5OH + 2CO_2$$

포도당 **자이메이스** **에탄올** **이산화탄소**

16 술에 취했다가 깨는 원리는 무엇일까?

그렇 구나! 알코올이 간에서 분해되고 마지막에는 물과 이산화탄소가 되기 때문이에요!

술을 마시고 취했다가도 다시 깨서 원래대로 돌아오잖아요? 이는 **몸속에서 알코올이 무해한 물과 이산화탄소로 분해되기 때문**이에요.

술의 주성분인 알코올의 정식 명칭은 에탄올(C_2H_5OH)입니다. 에탄올은 간에서 분해되는데, 우선 알코올 탈수소 효소가 **에탄올을 아세트알데하이드(CH_3CHO)로 분해합니다.** 그리고 아세트알데하이드는 아세트알데하이드 탈수소 효소가 작용하면 아세트산(CH_3COOH)으로 분해됩니다. 이 아세트산은 온몸을 순환한 끝에 최종적으로 물과 이산화탄소가 되어 몸 밖으로 배출됩니다(그림 1).

즉 알코올을 분해하는 물질은 효소인데요. 그렇다면 효소는 무엇일까요? **효소는 단백질로 이루어진 촉매이고, 촉매는 생체의 화학 반응을 빠르게 해주는 물질입니다.** 우리 몸에는 수천 종의 효소가 있습니다. 이를테면 다른 물질과는 반응하지 않지만, 전분만 분해해서 맥아당을 만드는 아밀레이스가 있지요. 이처럼 효소는 저마다 반응하는 물질이 다릅니다(그림 2).

술을 한 번에 많이 마시면 간에서 분해될 때까지 에탄올과 아세트알데하이드가 몸에 남아 있겠지요? 술을 마시고 취하는 이유는 이 에탄올과 아세트알데하이드 때문이랍니다. 사람마다 차이는 있겠지만, 한 시간에 분해되는 알코올은 몸무게×0.1g 정도입니다.

알코올을 아세트알데하이드로 분해하는 효소

▶ 알코올이 분해되기까지 (그림 1)

알코올은 간에서 아세트산으로 분해되고, 마지막에는 물과 이산화탄소로 분해됩니다.

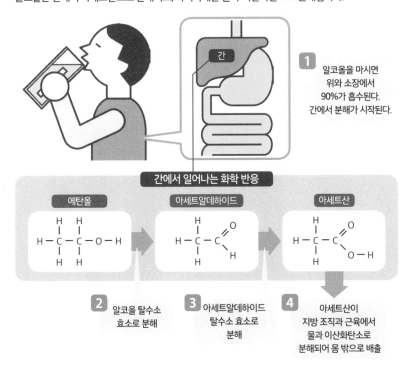

1 알코올을 마시면 위와 소장에서 90%가 흡수된다. 간에서 분해가 시작된다.

간에서 일어나는 화학 반응

에탄올 → 아세트알데하이드 → 아세트산

2 알코올 탈수소 효소로 분해

3 아세트알데하이드 탈수소 효소로 분해

4 아세트산이 지방 조직과 근육에서 물과 이산화탄소로 분해되어 몸 밖으로 배출

▶ 효소 (그림 2)

몸에서 일어나는 특정 화학 반응을 빠르게 하는 물질입니다. 효소는 정해진 물질과만 반응합니다(기질 특이성).

우리 몸의 주요 소화 효소

효소	효소의 특징
아밀레이스(침)	전분을 당으로 분해한다.
펩신(위)	단백질을 펩타이드로 분해한다.
라이페이스(췌장)	지방을 지방산과 글리세린으로 분해한다.
슈크레이스	자당을 포도당과 과당으로 분해한다.
펩티데이스	펩타이드를 아미노산으로 분해한다.

17 불법 약물이 몸에 작용하는 원리는 무엇일까?

그렇 구나! 약물이 뇌의 **혈액 뇌 장벽을 통과해서** 중추 신경에 작용하기 때문이에요!

불법 약물도 종류가 다양합니다. 신경을 흥분시키는 각성제인 코카인, 신경을 억제해서 행복감을 불러일으키는 아편, 모르핀, 헤로인, 그리고 환각과 흥분을 부르는 대마와 LSD가 있습니다.

이러한 약물들은 **모두 뇌에 작용합니다.** 뇌는 생명 활동의 중추라고 할 만큼 중요한 기관이므로 **뇌로 이어지는 혈관에는 혈액 뇌 장벽이라는 관문이 있습니다.** 이물질이 뇌로 들어오지 못하도록 막는 지방막이지요. 그런데 이 혈액 뇌 장벽을 통과할 수 있는 물질이 있습니다. 바로 **알코올, 니코틴, 그리고 불법 약물**입니다.

불법 약물 중 각성제인 **메스암페타민($C_{10}H_{15}N$)**을 예로 들어볼까요?(그림 1) 메스암페타민은 지질에 잘 녹는데, 지용성 물질은 혈액 뇌 장벽을 손쉽게 통과합니다.

뇌에 들어온 메스암페타민은 **도파민이 많이 분비되도록 중추 신경을 자극합니다.** 도파민은 쾌감을 느끼는 신경 회로를 활성화하는 물질로, 강한 흥분을 일으킵니다. 그런데 신경 회로가 계속 활성화된 채로 유지되면 도파민이 고갈되어 각성제를 먹지 않아도 흥분이 가라앉지 않게 됩니다.

한편 **헤로인**은 모르핀(➡p.124)으로 만든 마약입니다. 혈액 뇌 장벽을 통과하기 쉽게 모르핀을 변형한 물질이지요(그림 2).

뇌에 작용하는 불법 약물

▶ 메스암페타민 (그림1)

1885년 일본 도쿄대학 의학부 교수 나가이 나가요시는 마황에서 에페드린(➡ p.124)을 추출했습니다. 그리고 1893년에 메스암페타민을 합성하는 데 성공했습니다.

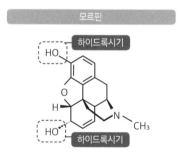

에페드린

마황에서 추출한 기침약이자 감기약. 교감신경을 흥분시킨다. 오늘날에는 약효를 낮추고 메스암페타민으로 바뀌지 않도록 가공해서 사용한다.

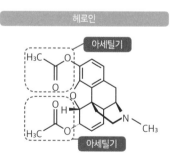

메스암페타민

일본에서는 원래 천식 치료제 및 피로 회복제로 판매되었으나, 남용했을 때 습관성 중독 증상이 생긴 탓에 1951년부터 '각성제단속법'으로 사용을 제한하게 되었다. 한국에서도 1980년 '향정신성의약품 관리법'을 시행하여 규제하고 있다.

▶ 헤로인 (그림2)

아편에서 추출한 모르핀은 강력한 진정 작용이 있습니다. 이 모르핀을 변형해서 혈액 뇌 장벽을 통과하기 쉽게 만든 물질이 헤로인입니다.

모르핀

하이드록시기
HO
하이드록시기
HO
O
H
N
CH3

헤로인

아세틸기
H3C
O
O
아세틸기
H3C
O
O
H
N
CH3

모르핀의 하이드록시기※를 아세틸기로 치환하면 헤로인이 된다. 헤로인은 모르핀보다 의존성이 크다.

※ 하이드록시기: 산소 원자 1개와 수소 원자 1개가 결합한 원자단이며 수산기라고도 합니다.

18 식초는 왜 신맛이 날까?

그렇 구나! 수소 이온(H⁺)을 만드는 산이 들어 있으면 신맛이 나요!

식초가 신 이유는 산이 들어 있기 때문입니다.

산이란 수소 이온(H^+)을 만드는 물질입니다. 혀의 맛봉오리에 있는 미각세포에 수소 이온이 달라붙으면 우리는 신맛을 느끼게 됩니다. 식초에는 아세트산(CH_3COOH)이 들어 있고, 수용액에서 아세트산 일부가 수소 이온(H^+)과 아세트산 이온(CH_3COO^-)으로 전리(물질이 물에 녹아 양이온과 음이온으로 나뉘는 현상)됩니다. **수소 이온이 존재하는 신 수용액의 성질을 '산성'이라고 합니다**(그림 1).

산성도는 얼마나 전리가 잘 되느냐에 따라 다른데, 예를 들어 **식초는 약산성, 염산과 질산은 강산성입니다.** 일반적인 식초는 아세트산 분자 100개당 전리되는 수소 이온과 아세트산 이온이 2개 정도이므로 먹어도 문제 될 일은 없습니다. 하지만 강산은 절대 만지거나 입에 넣어서는 안 됩니다. 염산은 거의 모든 분자가 수소 이온으로 전리되기 때문입니다. 염산이 피부에 닿으면 수소 이온이 피부 조직의 단백질에 달라붙는 바람에 조직이 응고·괴사해버립니다. 이를 화학 화상이라고 합니다.

일상에서 산의 성질을 활용한 사례를 찾아보자면 피클이나 장아찌 같은 초절임이 있습니다. 산의 pH(수소 이온 농도를 가리키는 지수)는 대략 2.6~3.3으로, 미생물의 증식을 억제하는 환경입니다. **음식을 식초에 절여서 산성으로 만들어 세균이 자라지 못하게 보관하는 옛날 사람들의 지혜를 보여주는 증거이지요**(그림 2).

식품을 보관할 때 활용하는 산의 성질

▶ 산성과 염기성 (그림1)

물에 녹았을 때 수소 이온을 만드는 물질을 산, 수산화 이온(OH^-)을 만드는 물질을 염기라고 합니다. 수소 이온의 농도는 pH로 나타냅니다.

일상 속의 산성 물질과 염기성 물질

(pH)

0	1	2	3	4	5	6	7	8	9	10	11	12	13	14

강 ◀ 산성 ▶ 중성 ◀ 염기성 ▶ 강

레몬 · 우유 · 바닷물 · 강염기성 세제

간장

식초

커피

침

위액 · 땀 · 피 · 비눗물

기름때 제거

산의 공통 성질
- 금속과 반응해서 수소(H_2)를 만든다.
- 푸른 리트머스 종이를 빨갛게 만든다.
- 염기와 반응하면 산성이 사라진다(중화).

염기의 공통 성질
- 만지면 미끌미끌하다.
- 붉은 리트머스 종이를 파랗게 만든다.
- 산과 반응하면 염기성이 사라진다(중화).

▶ 신 음식은 보존 식품 (그림2)

세균 같은 미생물은 pH가 낮은 환경에서는 증식할 수 없습니다. 옛날 사람들도 음식을 약 pH2.5의 식초에 절이면 산성이 되어 세균이 증식하지 못한다는 사실을 알고 있었답니다.

문어 초무침과 피클은 식초 덕에 오래 보존할 수 있다.

19 군고구마는 왜 단맛이 날까?

그렇 구나! 베타 아밀레이스가 고구마의 전분을 당으로 바꿨기 때문**이에요!**

달콤한 군고구마를 먹어본 적 있으신가요? 고구마를 구우면 단맛이 많아지는 이유는 무엇일까요?

그건 바로 **고구마에 베타 아밀레이스라는 효소가 풍부하게 들어 있기 때문**이랍니다. 베타 아밀레이스가 전분을 분해(가수분해)하면 만들어지는 **맥아당이 군고구마를 달게 만들지요.**

베타 아밀레이스는 생전분을 당으로 만들 수 없습니다. 물과 함께 가열해서 호화(➡p.16)한 전분만 분해할 수 있습니다. 고구마를 구우면 전분이 호화해서 베타 아밀레이스가 전분을 당으로 바꾸므로 단맛이 강해집니다.

베타 아밀레이스는 60~65℃일 때 가장 활동이 활발하고, 75℃를 넘으면 활동하지 않습니다. 그러므로 **베타 아밀레이스가 호화한 전분을 당으로 분해해서 맥아당으로 만드는 최적 온도는 약 70℃입니다.** 군고구마의 내부 온도를 70℃로 길게 유지할수록 맥아당이 많아져서 단맛도 강해집니다(그림 1).

참고로 고구마를 돌에 구우면 가열된 돌멩이에서 나오는 원적외선이 고구마 내부로 열을 전달합니다. 약 2시간 동안 천천히 구우면서 맥아당이 많이 만들어져 고구마가 더 달아지지요(그림 2).

고구마를 더 달게 만드는 온도, 70℃

▶ 고구마의 단맛이 강해지는 원리 (그림 1)

고구마를 구우면 전분이 분해되어 당이 만들어집니다.

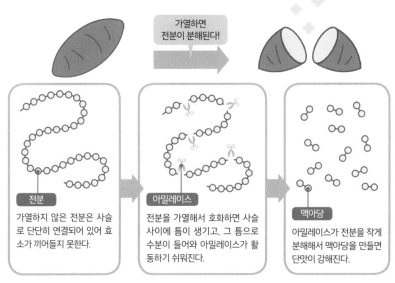

가열하면 전분이 분해된다!

전분
가열하지 않은 전분은 사슬로 단단히 연결되어 있어 효소가 끼어들지 못한다.

아밀레이스
전분을 가열해서 호화하면 사슬 사이에 틈이 생기고, 그 틈으로 수분이 들어와 아밀레이스가 활동하기 쉬워진다.

맥아당
아밀레이스가 전분을 작게 분해해서 맥아당을 만들면 단맛이 강해진다.

▶ 온도가 단맛의 핵심이라고? (그림 2)

호화한 전분을 맥아당으로 분해하는 베타 아밀레이스가 활발하게 활동하는 온도는 약 70℃입니다. 군고구마가 달게 느껴지는 이유는 내부 온도를 오랜 시간에 걸쳐 70℃까지 올려서 맥아당이 많이 만들어지기 때문입니다.

출처: 『화학과 교육 67권 7호 군고구마 단맛의 비밀(化学と教育 67巻 7号「焼き芋」の甘さの秘密)』을 참고하여 작성.

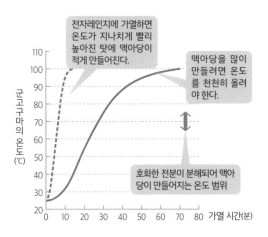

전자레인지에 가열하면 온도가 지나치게 빨리 높아진 탓에 맥아당이 적게 만들어진다.

맥아당을 많이 만들려면 온도를 천천히 올려야 한다.

호화한 전분이 분해되어 맥아당이 만들어지는 온도 범위

세로축: 군고구마의 온도 (℃)
가로축: 가열 시간(분)

20 왜 잘 익은 과일은 달콤할까?

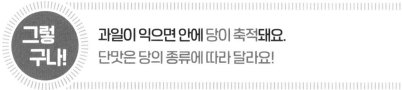

그렇구나!

과일이 익으면 안에 당이 축적돼요.
단맛은 당의 종류에 따라 달라요!

덜 익은 과일보다 다 익은 제철 과일이 더 맛있지 않나요? 왜 똑같은 과일인데 익기 전에는 떫고 익으면 단맛이 날까요?

단맛의 주성분은 당류입니다. 그중에서도 과일의 단맛은 **자당**($C_{12}H_{22}O_{11}$), **과당** ($C_6H_{12}O_6$), **포도당**($C_6H_{12}O_6$)이 주성분입니다. 참고로 자당은 포도당과 과당으로 이루어진 물질이며 흰 설탕의 주성분이기도 합니다.

열매를 맺는 식물은 광합성으로 흡수한 이산화탄소를 자당을 비롯한 탄수화물로 변환시키는데, 자당은 열매와 뿌리에 축적됩니다. 그리고 **식물이 성장할수록 축적되는 당류도 많아지므로** 기본적으로 덜 익은 과일보다 다 익은 과일이 더 달콤합니다(그림 1).

과일의 종류에 따라 당류의 비율이나 단맛이 변하는 원리가 다른데요. 예를 들어 사과는 생육기에 당류가 전분의 형태로 축적되고, **익으면서 전분이 분해되어 자당이 많아지고 신맛의 원인인 사과산이 줄기 때문에** 맛이 좋아집니다.

사실 수확한 과일도 생명을 유지하기 위해 계속 호흡한답니다. 어떤 과일은 덜 익었을 때 수확해도 활발하게 호흡하면서 익어가는데, 이를 **후숙 과일**이라고 합니다. 대표적인 후숙 과일로 사과, 바나나, 서양 배, 망고가 있습니다(그림 2).

단맛을 만드는 당의 종류와 변화

▶ 광합성과 당류의 축적 (그림 1)

광합성으로 분해된 이산화탄소가 자당의 형태로 과일에 축적되고, 성장하면서 단맛이 강해집니다.

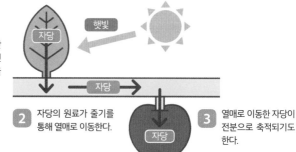

1 잎이 햇빛과 이산화탄소를 흡수하면 광합성으로 자당을 만든다.

햇빛

자당

2 자당의 원료가 줄기를 통해 열매로 이동한다.

자당

3 열매로 이동한 자당이 전분으로 축적되기도 한다.

과일에 들어 있는 당류

자당	과당	포도당
포도당과 과당으로 이루어진 이당류. 흰 설탕의 주성분이다.	천연에 존재하는 당 중 가장 달다. 단당류이며 꿀의 주성분이다.	인간의 에너지원인 단당류. 탄수화물이 몸속에서 분해·흡수된 최종 결과물이다.

▶ 후숙 과일 (그림 2)

수확한 뒤에도 과일은 계속 호흡합니다. 덜 익었을 때 수확했는데도 활발하게 호흡해서 익으면서 단맛이 강해지고 과육이 부드러워지는 과일도 있습니다.

후숙 과일

수확할 때는 과일의 호흡량이 잠깐 줄지만, 시간이 지나면 호흡량이 급격히 늘면서 맛이 좋아진다.

- 사과
- 복숭아
- 서양 배
- 바나나
- 아보카도
- 망고

비후숙 과일

수확하고 나면 호흡량이 서서히 줄면서 익지 않는 과일이다.

- 귤
- 오렌지
- 레몬
- 포도
- 무화과
- 체리

21 기름이 액체와 고체로 구분되는 이유는 무엇일까?

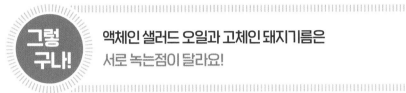

액체인 샐러드 오일과 고체인 돼지기름은
서로 녹는점이 달라요!

돼지기름(라드)과 버터처럼 고체 상태인 기름도 있고, 샐러드 오일과 올리브 오일처럼 액체 상태인 기름도 있는데요. 같은 기름인데 고체와 액체로 나뉘는 이유는 무엇일까요?

기름에는 동물성 기름과 식물성 기름이 있습니다. 동물성 기름인 돼지기름과 버터는 실온에서 굳지만, 식물성 기름인 샐러드 오일은 굳지 않지요. 이는 **녹는점이 서로 다르기 때문입니다.** 녹는점이 낮은 식물성 기름은 실온에서 액체로, 녹는점이 높은 동물성 기름은 실온에서 고체로 존재합니다.

이처럼 녹는점이 다른 이유는 바로 **동물성 기름에는 포화지방산**이, **식물성 기름에는 불포화지방산**이 많이 들어 있기 때문입니다. 포화지방산 분자는 직선 구조이고 불포화지방산 분자는 구부러진 구조입니다(그림 1). 직선 구조인 포화지방산은 분자가 빈틈없이 모여 있어 분자 간 힘 때문에 녹는점이 높습니다. 한편 구부러진 구조인 불포화지방산은 방향이 일정하지 않아 분자 간 힘이 약해서 분자가 이리저리 움직입니다. 그 때문에 녹는점이 낮아 액체가 되기 쉽습니다.

하지만 불포화지방산도 수소를 만나면 이중 결합이 사라져 쉽게 굳습니다. 마가린이 대표적인 사례입니다(그림 2).

고체와 액체로 나뉘는 이유는 녹는점의 차이 때문!

▶ 포화지방산과 불포화지방산의 차이 (그림1)

기름을 구성하는 지방산은 두 종류입니다. 동물성 기름에는 포화지방산이, 식물성 기름에는 불포화지방산이 많이 들어 있습니다.

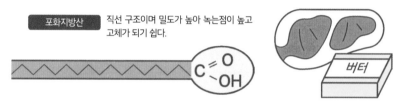

포화지방산 | 직선 구조이며 밀도가 높아 녹는점이 높고 고체가 되기 쉽다.

버터

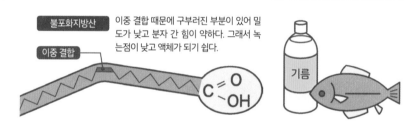

불포화지방산 | 이중 결합 때문에 구부러진 부분이 있어 밀도가 낮고 분자 간 힘이 약하다. 그래서 녹는점이 낮고 액체가 되기 쉽다.

이중 결합

기름

▶ 마가린 (그림2)

불포화지방산이 많은 식물성 기름에 수소가 들어가면 잘 굳는 경화유가 됩니다. 마가린이 대표적인 경화유입니다.

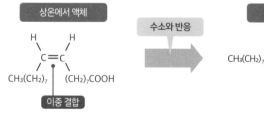

상온에서 액체

H   H
 \   /
  C = C
 /   \
CH₃(CH₂)₇   (CH₂)₇COOH

이중 결합

수소와 반응

상온에서 고체

        H   H
        | |
CH₃(CH₂)₇ — C — C —(CH₂)₇COOH
        | |
        H   H

단일 결합

올레산을 비롯한 불포화지방산의 비율이 높고 상온에서 액체인 식물성 기름을 수소와 반응시킨다.

포화지방산의 비율을 높여서 마가린처럼 상온에서 고체인 기름을 만들 수 있다.

Q 꿀을 가만히 두었을 때 생기는 '흰 물질'은 무엇일까?

포도당 or 과당 or 수분 or 벌의 알

꿀을 가만히 두면 병 바닥에 굳어 있는 하얀 가루를 볼 수 있는데요. 이 가루는 꿀 성분이 굳은 것이므로 먹어도 괜찮습니다. 그런데 이 가루는 정확히 어떤 성분일까요?

꾸덕
꾸덕
…

겨울이 되어 기온이 낮아지면 꿀 안에 하얀 가루가 생기거나 병 바닥에 하얀 덩어리가 생기기도 합니다. 이 하얀 가루의 정체는 **녹아 있던 당이 공기 방울을 핵 삼아 굳어서 만들어진 결정, 즉 결정화한 꿀**입니다. 꿀이 결정화하려면 몇 가지 조건이 필요합니다. 외부 기온이 15~16℃ 이하일 때 또는 진동으로 공기 방울이 생기면 이를 핵 삼아 결정이 만들어집니다.

꿀의 주성분은 과당, 포도당, 수분입니다. 같은 당류라도 과당이 많은 꿀(예: 아카시아꿀)은 결정이 만들어지기 힘들지만, **용해도가 낮은 포도당은 결정화가 일어나기 쉽다**는 차이가 있습니다.

물질이 물에 녹는 양은 물질의 종류와 온도에 따라 다른데, 물 100g에 녹는 물질의 한계량을 **용해도**라고 합니다.

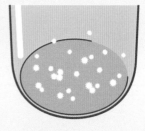

꿀 안에 들어 있는 흰 결정의 정체			

과당은 물에 녹아서 결정화가 잘 일어나지 않지만, 포도당은 결정화가 잘 일어납니다.

온도	20℃	30℃	40℃
포도당	90	120	160
과당	370	440	540

포도당과 과당의 용해도(g/물 100g)

병 바닥에 생긴 하얀 덩어리의 정체는 포도당 결정이다.

과당은 물에 잘 녹는 물질입니다. 20℃일 때 물 100g에 370g이 녹습니다. 반대로 포도당은 물에 잘 녹지 않는데, 20℃일 때 물 100g에 90g밖에 녹지 않습니다. **온도가 내려가면 녹는 양도 적어지므로 물에 녹지 못한 포도당은 결정화해서 하얀 가루가 됩니다.** 따라서 정답은 '포도당'입니다.

참고로 온도가 올라가면 그만큼 포도당도 많이 녹게 됩니다. 결정이 생긴 꿀을 용기째로 45~60℃의 물에 중탕하면 결정을 녹일 수 있습니다.

실험의 기초를 세운 근대 화학의 아버지

로버트 보일
(1627~1691)

보일은 아일랜드 귀족의 아들로 태어난 자연철학자, 화학자, 물리학자입니다. 어렸을 때 유럽 각지에서 다양한 학문을 접했고, 아버지의 영지를 계승한 뒤 22세의 나이로 과학 연구에 눈떴다고 합니다. 연금술사이자 화학자인 스승에게 실험의 기초를 배웠고, 28세에 연구자들이 모인 영국 옥스퍼드로 이주했습니다. 수많은 연구자와 만나면서 최첨단 과학 지식을 익힌 보일은 실험과 관찰을 통해 선입견을 품지 않고 화학 현상을 바라보는 자세로 연구에 임했다고 합니다.

당시 17세기의 주역은 금속을 금으로 바꾸려고 했던 연금술사들이었습니다(➡p.104). 사람들은 "물질이 네 원소로 이루어져 있다"라고 주장한 고대 그리스의 철학자 아리스토텔레스의 4원소설처럼 옛사람들의 사상을 통해 화학 현상을 이해하고자 했습니다.

1661년 보일은 저서 『회의적 화학자(The Sceptical Chymist)』에서, 물질은 눈에 보이지 않는 입자로 이루어져 있으며 4원소설이 실험을 통해 알아낸 사실과 맞지 않는다고 주장하며 예로부터 내려온 물질관을 비판했습니다. 수많은 실험으로 과학적인 발견을 이룸으로써 허물을 벗고 실리적인 연금술에서 벗어나 실험 결과를 바탕으로 한 학문으로 넘어가는 계기를 만든 것입니다.

이로써 보일은 오늘날 근대 화학의 아버지로 불리게 되었습니다.

제 **2** 장

더 알고 싶어요!
화학의 이모저모

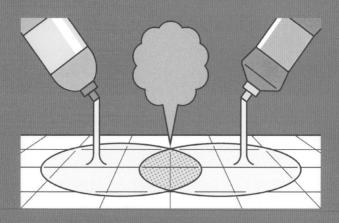

"접착제는 어떻게 물건을 붙일까?",
"비누가 기름때를 지우는 원리는 무엇일까?"처럼 일상에서 쉽게
만나볼 수 있는 물건을 중심으로 화학의 구조를 자세히 살펴볼까요?

22 전자레인지는 어떻게 식품을 데울까?

그렇구나!

마이크로파로 식품의 물 분자를 진동시켜서 열을 내보내요!

전자레인지의 가정 보급률은 거의 100%에 달합니다. 전자레인지는 전자파로 식품을 데우는 조리 기구지요. **식품을 데우는 원리는 바로 물 분자를 강하게 진동시키는 것이랍니다.** 물질을 구성하는 원자와 분자의 운동이 격해질수록 온도는 높아집니다. 1945년 미국의 퍼시 스펜서가 작동 중인 레이더 앞에 서 있다가 전자파 때문에 주머니에 있던 초콜릿이 녹은 현상에서 아이디어를 얻어 발명했습니다.

전자레인지의 부품 중 마그네트론이라는 장치가 전자파의 일종인 마이크로파를 일으킵니다. 그리고 식품에는 대부분 물이 들어 있습니다. **이 물 분자가 마이크로파를 흡수하면 강하게 진동합니다.** 전자레인지의 마이크로파는 약 2.4GHz(기가헤르츠)인데요, 그러니까 플러스와 마이너스를 1초에 24억 번 오가면서 진동한다는 의미입니다(그림 1).

산소와 수소로 이루어진 화합물인 물(H_2O)은 수소 원자 쪽이 양전하, 산소 원자 쪽이 음전하를 띤 극성 분자(➡ p.36)입니다. 그래서 **마이크로파의 진동에 따라 빠르게 물 분자의 방향이 바뀌면서 진동한 결과 식품이 데워집니다**(그림 2).

그런데 전자레인지는 문에 구멍이 뚫려 있잖아요? '마이크로파가 전자레인지 밖으로 빠져나오지 않을까?'라고 생각할지도 모르지만, 전자레인지의 마이크로파는 파장이 약 10cm여서 구멍을 통과할 수 없으므로 괜찮답니다.

열이 발생하는 이유는
물 분자가 강하게 진동하기 때문!

▶ 물 분자를 움직이는 전자파 (그림 1)

전자레인지는 약 2.4GHz의 마이크로파로 식품을 데웁니다.

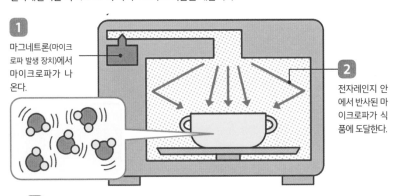

1 마그네트론(마이크로파 발생 장치)에서 마이크로파가 나온다.

2 전자레인지 안에서 반사된 마이크로파가 식품에 도달한다.

3 마이크로파에 의해 물 분자가 진동하면서 식품이 데워진다.

▶ 마이크로파를 만난 물 분자의 상태 (그림 2)

극성 분자인 물 분자가 마이크로파를 만나면 물 분자의 플러스와 마이너스의 방향이 바뀌면서 분자가 진동합니다.

물 분자는 ㅅ자 형태로 구부러져 있으며 산소 원자가 -로 대전, 수소 원자가 +로 대전되어 있다.

마이크로파가 플러스와 마이너스의 방향을 번갈아 바꾸면서 극성 분자인 물 분자를 진동시킨다.

23 지우개는 어떻게 연필로 쓴 글씨를 지울까?

그렇구나! 가소제가 들어 있어 부드러운 플라스틱이
종이의 흑연을 없애기 때문이에요!

연필로 쓰고 지우개로 지우고. 어렸을 때부터 해와서 익숙할 텐데요. 지우개는 글씨를 어떻게 지우는 걸까요?

먼저 알아두어야 하는데, 사실 **우리가 평소 사용하는 지우개는 고무가 아니랍니다.** 고무가 아니라 **플라스틱**이고, 주원료는 천연고무가 아니라 **폴리염화비닐 수지**입니다. 폴리염화비닐(PVC) 수지는 단단하고 잘 끊어지지 않는 소재인데요. 여기에 프탈산 계열 에스터처럼 플라스틱을 부드럽게 만드는 가소제를 더해서 만든 제품이 우리가 알고 있는 부드러운 지우개이지요.

연필 심지는 탄소가 층층이 쌓인 구조의 흑연(탄소 분자)을 중심으로 만듭니다. 흑연은 벗겨지기 쉬운 물질인데, 우리가 글씨를 쓰면 종이의 미세한 결에 떨어져 나온 흑연으로 선이 그려집니다. **이 선은 종이에 붙어 있을 뿐이므로 여기에 지우개를 문지르면 흑연은 더 달라붙기 쉬운 지우개로 옮겨 갑니다. 그리고 지우개 가루에 싸인 흑연은 종이에서 지워집니다**(그림 1).

한편 색연필의 심지는 보통 흑연이 아니라 염료 또는 물감 등의 색 성분과 왁스를 넣어 만듭니다. 흑연과 달리 종이에 색 성분이 왁스째 밀착하므로 지우기 어렵다는 특징이 있습니다. 펜에 들어간 잉크 역시 종이 섬유에 스며들기 때문에 지우개로는 지울 수 없습니다(그림 2).

종이의 흑연을 벗겨내는 지우개

▶ 지우개의 원리 (그림 1)

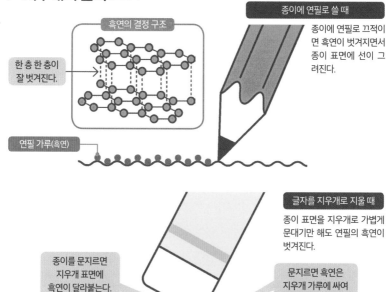

흑연의 결정 구조

한 층 한 층이 잘 벗겨진다.

연필 가루(흑연)

종이에 연필로 쓸 때

종이에 연필로 끄적이면 흑연이 벗겨지면서 종이 표면에 선이 그려진다.

글자를 지우개로 지울 때

종이 표면을 지우개로 가볍게 문대기만 해도 연필의 흑연이 벗겨진다.

종이를 문지르면 지우개 표면에 흑연이 달라붙는다.

문지르면 흑연은 지우개 가루에 싸여 종이에서 지워진다.

▶ 잉크가 지워지지 않는 이유는 무엇일까? (그림 2)

색연필이나 잉크는 종이에 스며들기 때문에 지우개로 지워지지 않아요.

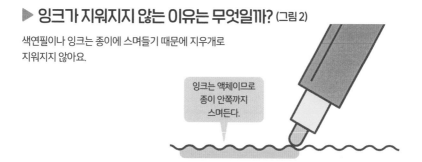

잉크는 액체이므로 종이 안쪽까지 스며든다.

24 지워지는 볼펜! 어떻게 지울까?

종이에 고무를 문지를 때 일어나는 마찰열에 잉크 색이 사라져요!

지워지는 볼펜은 어떻게 잉크를 지우는 걸까요? 잉크의 화학 성분은 대중에 공개되어 있지 않지만, 기본적으로는 **온도에 따라 물질의 결합 방식이 달라지는 원리**를 이용한답니다.

지워지는 볼펜으로 쓴 글자를 지울 때는 펜 끝에 달린 지우개 모양의 물체로 문지릅니다. 지우개처럼 생겼지만, 지우개 가루는 나오지 않아요. **종이에 문질렀을 때 생기는 마찰열에 온도가 올라가면 잉크 색이 사라지기 때문**이에요.

잉크에는 발색제, 색을 만드는 성분(류코 염료), 조정제가 들어 있습니다. 실온에서는 발색제와 색을 만드는 성분이 화학적으로 결합해서 잉크의 색을 만듭니다. 지워지는 볼펜은 잉크 색이 투명해지는 온도가 60℃로 맞춰져 있습니다. 마찰열에 잉크가 일정 온도 이상 올라가면 잉크 안에 들어 있는 조정제가 발색제와 색을 만드는 성분의 결합을 방해해서 잉크를 투명하게 만듭니다. 그래서 종이에 잉크로 쓴 글씨가 없어진 것처럼 보이지요. 따라서 냉동고처럼 추운 곳에 종이를 차게 두면 한번 지운 글씨도 다시 보이게 된답니다(그림).

그 밖에도 **온도에 따라 색이 바뀌는 컵이나 섬유, 영수증이나 티켓에 사용되는 감열지, 리라이트 카드** 등에도 같은 기술이 활용됩니다.

마찰열에 잉크 색이 사라지는 볼펜

▶ 지워지는 볼펜의 원리

지워지는 볼펜으로 쓴 글씨를 문지르면 글씨가 지워집니다. 이는 마찰열 때문에 잉크 색이 사라졌기 때문입니다.

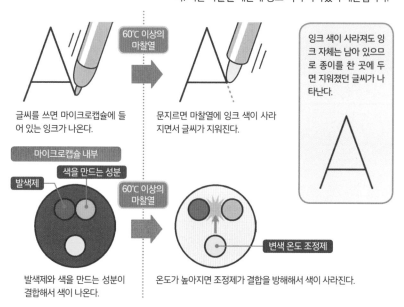

60°C 이상의 마찰열

글씨를 쓰면 마이크로캡슐에 들어 있는 잉크가 나온다.

문지르면 마찰열에 잉크 색이 사라지면서 글씨가 지워진다.

잉크 색이 사라져도 잉크 자체는 남아 있으므로 종이를 찬 곳에 두면 지워졌던 글씨가 나타난다.

마이크로캡슐 내부

색을 만드는 성분

발색제

60°C 이상의 마찰열

변색 온도 조정제

발색제와 색을 만드는 성분이 결합해서 색이 나온다.

온도가 높아지면 조정제가 결합을 방해해서 색이 사라진다.

색이 나타났다가 사라지는 염료

류코 염료라는 유기 화합물은 온도에 따라 글씨를 지우고 쓸 수 있어서 영수증, 티켓, 리라이트 카드 등에 쓰입니다. 온도가 달라지면 발색제와 색을 만드는 성분의 결합이 떨어지면서 구조가 변합니다. 그로 인해 전자가 움직이는 범위가 좁아지면 색이 사라집니다.

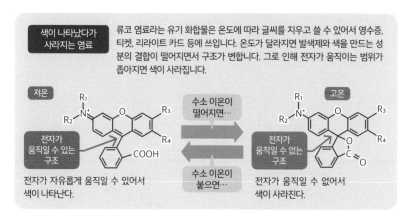

저온

R_1 R_2 N+ O R_3 R_4 COOH

전자가 움직일 수 있는 구조

수소 이온이 떨어지면…

수소 이온이 붙으면…

고온

R_1 R_2 N+ O R_3 R_4 C=O

전자가 움직일 수 없는 구조

전자가 자유롭게 움직일 수 있어서 색이 나타난다.

전자가 움직일 수 없어서 색이 사라진다.

Q 핏자국을 보여주는 루미놀 시약! 무슨 반응을 일으킬까?

> 굳는다   or   빛난다   or   냄새가 난다

드라마에서 경찰이 증거를 찾거나 범행 현장을 조사할 때 핏자국이 있는지 검사하는 장면을 본 적 있으신가요? 이때 사용하는 약품이 바로 루미놀 시약입니다. 이 루미놀 시약은 어떤 원리로 핏자국을 찾아내는 걸까요?

루미놀 반응은 경찰 감식반이 범죄 및 사고 현장에서 핏자국을 찾거나 얼룩이 핏자국인지 확인할 때 진행하는 검사입니다. 이 검사에 사용하는 물질은 **루미놀을 녹인 염기성 용액과 과산화수소수를 혼합한 용액입니다.** 의심스러운 곳에 뿌리면 핏자국이 있던 자리에 루미놀 반응이 나타나지요. 그 전에 핏자국을 닦아내도 검사하는 데 지장은 없고, 핏자국이 생긴 지 오래될수록 반응이 강하게 나타납니다.

핏자국에 시약을 뿌리면 희푸르게 빛납니다. 얼룩이 굳거나 냄새가 나지는 않으므로 정답은 '빛난다'가 되겠네요. 이처럼 **화학 반응으로 빛을 내뿜는 현상을 화학 발광**이라고 합니다. 그렇다면 루미놀 시약을 뿌렸을 때 피가 빛나는 이유는 무엇일까요?

루미놀($C_8H_7N_3O_2$)의 정식 명칭은 3 - 아미노프탈하이드라자이드로, **산화하면 희푸른 빛을 내뿜는 물질**입니다. 특히 혈액과 반응하면 밝게 빛납니다. 이는 피에 들어 있는 헤모글로빈이 촉매(➡p.166)로 작용해서 산화 반응이 급격하게 진행되기 때문입니다.

그 밖에도 밤낚시를 할 때 쓰는 낚시찌나 콘서트 연출에 쓰이는 형광봉도 화학 발광의 원리를 활용한 물건입니다.

루미놀 반응

핏자국에 들어 있는 헤모글로빈을 촉매 삼아 루미놀이 산화해서 청백색 화학 발광을 일으킨다.

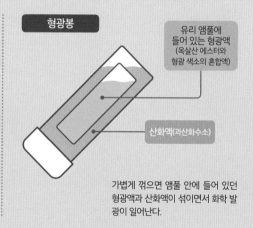

형광봉

유리 앰플에 들어 있는 형광액
(옥살산 에스터와 형광 색소의 혼합액)

산화액(과산화수소)

가볍게 꺾으면 앰플 안에 들어 있던 형광액과 산화액이 섞이면서 화학 발광이 일어난다.

옥살산 에스터와 과산화수소를 섞으면 에너지가 큰 과산화물이 만들어지는데, 이 과산화물에서 나오는 에너지를 형광 물질이 흡수하면 빛납니다. 형광 물질의 색을 바꿔서 형형색색의 형광봉을 만들 수도 있습니다.

25 액정이란 무엇일까? 어떻게 영상을 비출까?

액정은 액체와 결정 사이에 있는 물질의 상태예요. 전기로 빛의 투과율을 바꿔 영상을 비춘답니다!

TV와 컴퓨터 모니터에 들어가는 액정. 우리 주변에서 흔히 볼 수 있는 액정에는 어떤 화학적 원리가 숨어 있을까요?

액체처럼 흐르는 성질이 있으면서 결정처럼 규칙적으로 늘어선 분자가 있습니다. 이처럼 **액체이면서 결정과 성질이 비슷한 물질의 상태를 액정이라고 합니다**(그림 1). 액정을 처음 발견한 사람은 오스트리아의 식물학자 프리드리히 라이니처입니다. 1888년 그가 식물에서 온도에 따라 투명도가 바뀌는 물질을 발견하면서 액정은 세상에 드러나게 되었습니다.

액정 분자는 전기적으로 치우쳐 있어서(편향) 전압을 걸면 분자의 정렬 방향이 바뀝니다. 이를테면 액정 디스플레이(LCD)는 광원에서 나아가는 빛의 진행 방향에 액정을 배치합니다. 전압을 걸면 액정의 배치를 바꿈으로써 빛이 통과하지 못하는 방향과 통과하는 방향을 제어해서 빛의 투과율(밝기)을 조절합니다.

하지만 이것만으로는 빛의 색을 바꿀 수 없지요. 그래서 **특정 색만 통과하는 컬러 필터를 통과시켜서 색을 표현합니다**(그림 2). 액정 분자에 전압을 거는 전극은 산소, 인듐, 납 화합물로 이루어져 있습니다. 전도성과 투명성이 높아 액정 디스플레이와 스마트폰에 꼭 필요한 소재입니다.

디스플레이에 들어가는 액정

▶ 액정 (그림1)   액정은 액체와 고체 사이의 특성이 있는 물질의 상태입니다.

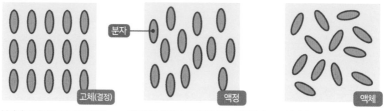

분자가 규칙적으로 늘어서 있다.   유동성이 있으나 규칙적으로 늘어서 있다.   분자가 자유롭게 움직인다.

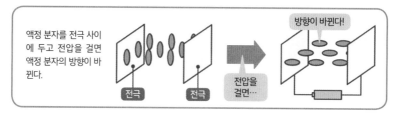

액정 분자를 전극 사이에 두고 전압을 걸면 액정 분자의 방향이 바뀐다.

방향이 바뀐다!

전압을 걸면…

▶ 액정 디스플레이의 원리 (그림2)

전기로 액정 분자의 정렬 방향을 바꿔 빛의 차단·투과를 제어해서 표시합니다(그림은 TFT 액정의 구조).

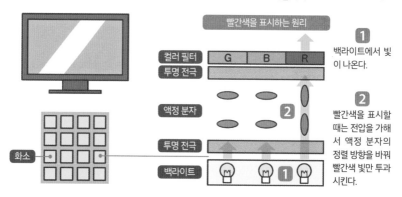

빨간색을 표시하는 원리

1 백라이트에서 빛이 나온다.

2 빨간색을 표시할 때는 전압을 가해서 액정 분자의 정렬 방향을 바꿔 빨간색 빛만 투과시킨다.

26 접착제는 어떻게 물건을 붙일까?

그렇구나! 가까울수록 강한 분자 간 힘(판데르발스 힘)이 접착의 기본!

접착제는 물체를 어떻게 붙이는 걸까요?

핵심은 접착제가 기본적으로 모두 **액체 상태**라는 점입니다. 유리판이 두 장 있다고 가정해볼까요? 유리판은 표면에 물기가 없으면 붙지 않지만, 물기가 있으면 서로 달라붙지요. 물질을 구성하는 분자는 플러스 전하와 마이너스 전하를 가지고 있는데, **분자끼리 가까워지면 서로 끌어당기는 힘이 생깁니다.** 이를 분자 간 힘(판데르발스 힘)이라고 합니다.

물체 표면은 완전히 평평하지 않고 오돌토돌해서, 완전히 붙은 것처럼 보여도 분자 수준으로 확대하면 서로 떨어져 있습니다. 하지만 물 같은 액체가 있다면 오돌토돌한 부분이 메워지면서 완전히 달라붙지요. 이것이 분자 간 힘이 작용하는 원리입니다(그림 1).

하지만 물은 흐르는 액체입니다. 한쪽으로 기울이면 곧장 흘러버리지요. 흘러가지 않게 막으려면 **액체를 굳혀야 할 텐데**, 그 역할을 하는 물질이 바로 접착제입니다. 녹말풀도 다용도 접착제도 순간접착제도 처음에는 질척거리지만, 시간이 지나면서 수분이 증발하면 딱딱해지지요. 이것이 기본적인 접착의 **물리적 작용**입니다.

실제로 물체를 붙일 때는 물리적 작용 말고도 표면 구멍에 접착제가 들어가서 굳는 앵커 효과, 즉 **기계적 작용**과 화학 반응에 의한 **화학적 작용**도 함께 작용해서 강력한 접착력을 발휘합니다(그림 2).

접착 면에서 일어나는 현상들

▶ 물체가 달라붙는 원리 (그림 1)

0.0000003~0.0000005mm 거리까지 가까이하면 물체끼리 분자 간 힘(판데르발스 힘)이 작용합니다(물리적 작용).

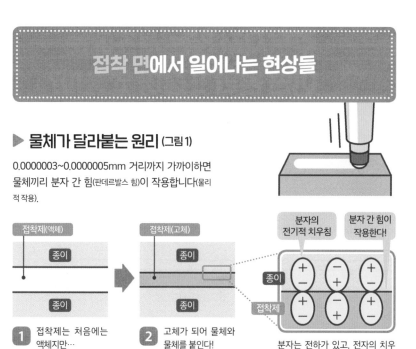

① 접착제는 처음에는 액체지만…

② 고체가 되어 물체와 물체를 붙인다!

분자는 전하가 있고, 전자의 치우침 때문에 플러스 전하와 마이너스 전하가 서로 끌어당긴다.

▶ 다양한 접착 작용 (그림 2)

접착제로 물체를 붙일 때는 물리적 작용, 기계적 작용, 화학적 작용이 복합적으로 작용합니다.

기계적 작용

종이 표면의 틈새로 들어간 접착제가 굳어서 닻처럼 작용한다(앵커 효과). 목재, 섬유, 가죽 등을 붙일 때도 마찬가지다.

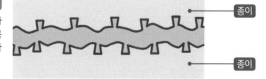

화학적 작용

접착제와 접착제로 붙일 물질 사이에 화학 반응이 일어난다. 원자끼리 서로 전자를 공유하는 공유 결합이 만들어지기도 한다.

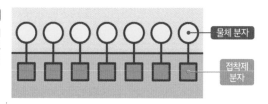

27 주름지지 않는 셔츠에는 어떤 원리가 숨어 있을까?

그렇구나! 주름지지 않는 형태 안정 셔츠는
면섬유에 다리를 놓아서 보강해서 만들어요!

셔츠에 주름이 지지 않는다니, 도대체 어떤 원리가 숨어 있을까요?

형태 안정 가공 제품은 1990년대부터 출시되었습니다. 폴리에스터 100% 원단으로 만든 옷은 형태 안정성이 있지만, 면 같은 셀룰로스계 섬유로 만든 옷에 형태 안정성을 주려면 **포르말린[폼알데하이드(CH_2O)]으로 면섬유 사이에 다리를 놓도록** 가공해야 합니다.

면섬유의 성분인 셀룰로스는 분자가 가늘고 길어서 느슨한 결합을 이룹니다. 수분을 흡수하면 결합이 풀어지므로 주름을 펴지 않고 건조하면 그대로 분자끼리 재결합하면서 주름이 남습니다. 하지만 **포르말린으로 보강**하면 섬유가 접혔다가도 원래대로 돌아오고 쪼그라들지 않기 때문에 주름이 잘 생기지 않습니다(그림 1).

형상 기억 합금도 비슷한 성질이 있습니다. 힘을 줘서 구부려도 원래대로 돌아오는 합금이며 대표적으로 안경테를 만들 때 쓰입니다. 보통 금속은 구부리면 다시 복구되지 않습니다. 변형될 때 옆의 금속 원자와의 결합이 끊어지면서 다른 원자와 결합하기 때문입니다. 하지만 **형상 기억 합금은 형태가 바뀔 때도 금속 원자끼리 결합을 유지**합니다. 열에 의해 원래대로 돌아오는 형상 기억 특성과 힘을 풀면 원래대로 돌아오는 초탄성 중 안경테는 초탄성을 활용합니다(그림 2).

셀룰로스를 보강하는 포르말린

▶ 형태 안정 셔츠의 원리 (그림 1)

면섬유의 셀룰로스 분자끼리 강하게 연결되어 있어 잘 변형되지 않습니다.

일반 섬유

물을 흡수하면 분자의 결합이 풀어진다. 변형된 채 말리면 그대로 분자가 고정된다.

물을 흡수하면 풀어질 만큼 약한 결합

분자

말리면 변형된 채 분자끼리 결합해서 주름이 생긴다.

형태 안정 가공

셀룰로스 분자 사이에 다리를 놓아 변형을 막는다.

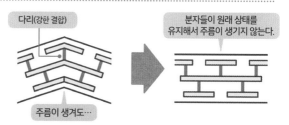

다리(강한 결합)

주름이 생겨도…

분자들이 원래 상태를 유지해서 주름이 생기지 않는다.

▶ 형상 기억 합금 (그림 2)

구부러진 상태에서 다시 힘을 풀거나 열을 가했을 때 원래 형태로 돌아오는 금속을 형상 기억 합금이라고 합니다. 니켈과 타이타늄의 합금이 널리 쓰입니다.

힘을 풀면 돌아오는 초탄성의 메커니즘

니켈-타이타늄 합금 막대

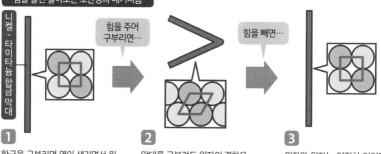

힘을 주어 구부리면…

힘을 빼면…

1 합금을 구부리면 열이 생기면서 원자와 원자의 결합이 정사각형 결정에서 마름모꼴 결정으로 변한다.

2 막대를 구부려도 원자의 결합은 유지된 채 배열만 바뀐다.

3 원자와 원자는 여전히 이어져 있으므로 힘을 풀면 열을 흡수하면서 원래 형태로 돌아온다.

28 녹은 왜 슬까?

 **그렇 구나!** 철은 원래 녹슨 상태일 때 안정적인 물질이에요. 그래서 산화 환원 반응이 일어나면 녹슨 상태로 돌아간답니다!

철로 만든 나사에 묻은 물을 닦지 않고 그대로 두면 적갈색으로 녹이 슬어 못 쓰게 되지요. 철이 녹스는 이유는 무엇일까요?

여기에는 **산화 환원 반응**이 관련되어 있습니다. 철이 녹슬 때는 철이 산화하는(철 원자가 전자를 잃는) 동시에 산소가 환원해서(산소 원자가 전자를 받아) 붉은 녹의 정체인 삼수산화철[$Fe(OH)_3$]이 만들어집니다. 반응하는 물질에 산소가 없어도 금속에서 전자를 받을 수 있는 물질과 결합하기만 하면 산화 환원 반응은 일어납니다(그림 1).

자연 현상은 물질이 그 환경에서 더 안정된 상태가 되도록 일어납니다. 이를테면 철은 녹슨 상태인 산화철로 채굴됩니다. 사람들이 일반적으로 활용하는 철로 가공하려면 용광로에서 엄청난 에너지를 통해 제련하는 과정이 필요합니다. **철은 녹슨 상태로 존재할 때 가장 안정적**이므로 환경이 갖춰지면 곧바로 녹슨 상태로 돌아가 버리지요.

그러니까 철을 이용할 때는 녹슬지 않도록 언제나 주의를 기울여야 합니다. 산소와 물처럼 금속을 녹슬게 하는 원인과 만나지 않도록 **녹 방지제**를 바르거나, 더 안정적인 금속으로 **도금**(그림 2)하거나, 이미 산화해서 안정된 산화물로 덮어씌우기도 합니다.

산화하기 쉬운 경향을 알고 활용하자!

▶ 철이 녹스는 현상 (그림 1)

철 표면에 물과 산소가 있을 때 화학 반응으로 철이 침식되는 현상을 부식이라고 합니다. 부식으로 녹아내린 철로 만들어진 산화철이 녹의 정체입니다.

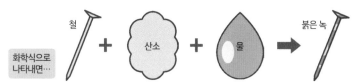

철 + 산소 + 물 ➡ 붉은 녹

화학식으로 나타내면…

1 $Fe + 1/2O_2 + H_2O$ ➡ $Fe(OH)_2$
철   산소   물   이수산화철

산화 환원 반응이 일어나 이수산화철이 만들어진다.

철 이온

산화 Fe ➡ $Fe^{2+} + 2e^-$

철에서 전자가 나와 철 이온이 만들어진다(산화 반응).

환원 $O_2 + 2H_2O + 4e^-$ ➡ $4OH^-$

수산화 이온

산소와 물과 전자가 반응해서 수산화 이온이 만들어진다(환원 반응).

2 $2Fe(OH)_2 + H_2O + 1/2O_2$ ➡ $Fe(OH)_3$
이수산화철   물   산소   삼수산화철(붉은 녹)

물과 산소가 이수산화철과 반응하면 붉은 녹이 만들어진다.

▶ 아연 도금의 원리 (그림 2)

금속 지붕으로 쓰이는 소재가 바로 아연 도금 강판입니다. 아연 도금 강판은 철보다 산화하기 쉬운 아연이 코팅되어 있어 철이 녹슬지 않도록 막아줍니다.

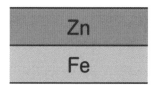

철(Fe)에 고온의 아연(Zn)을 씌워 표면에 피막을 형성하는 방식을 아연 도금이라고 한다.

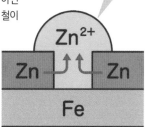

흠집이 생겨도 아연이 먼저 부식해서 철이 녹슬지 않는다.

Zn^{2+}

흠집이 생겨도 바깥에 있는 아연이 먼저 산화하므로 철은 녹슬지 않는다.

29 잠수할 때 쓰는 공기통에는 공기만 들어 있을까?

그렇구나! 심해에서는 보통 공기만으로는 부족해요.
질소 마취를 예방하기 위해 희귀 가스가 들어 있어요!

우리가 물속에서도 숨을 쉴 수 있는 이유는 공기통 덕분이지요. 지상의 공기 성분은 질소가 약 80%, 산소가 약 20%이고 공기통에도 같은 성분의 공기가 압축되어 들어 있습니다. 하지만 심해 잠수용 공기통은 다릅니다. 심해에서 지상과 똑같은 공기를 마시면 질소 마취라는 **잠수병**에 걸리기 때문인데요.

질소 마취란 질소가 피에 많이 녹으면서 사고력과 운동 능력이 둔해지는 증상입니다. 기체는 압력이 높아지면 액체에 잘 녹는 성질이 있습니다. 수심 10m 이상 잠수하면 심해의 수압으로 혈압이 높아지면서 수면보다 질소가 피에 많이 녹게 됩니다. 게다가 심해에서 갑작스럽게 위로 올라오면 **감압병**에 걸릴 위험도 있습니다(그림 1).

이러한 잠수병을 예방하기 위해 **심해용 공기통에는 질소 대신 헬륨과 아르곤 같은 희귀 가스를 넣습니다.**

희귀 가스란 주기율표의 18족에 해당하는 원소로, 다른 물질과 잘 반응하지 않습니다. 비활성 기체라고도 합니다(그림 2). 바다 깊숙이 잠수해도 희귀 가스는 피에 거의 녹지 않기 때문에 잠수병을 피할 수 있지요.

참고로 다른 물질과 반응하지 않는 희귀 가스는 일상에서도 여기저기 쓰이는데요. 헬륨은 공기보다 가볍고 불에 타지 않아서 풍선이나 기구를 하늘 높이 띄울 때 쓰인답니다.

반응성이 낮아서 귀중한 희귀 가스

▶ 잠수병 (그림1)

바닷속 깊이 잠수할 때 일어나는 질소 마취와 수면 위로 올라올 때 일어나는 감압병이 있습니다.

질소 마취

압력이 높아지면서 피에 질소가 대량으로 녹아 사고력과 운동 능력이 둔해진다.

감압병

압력이 낮아지면서 피에 녹아 있던 질소가 공기 방울을 만든다. 공기 방울이 좁은 혈관을 막기도 한다.

혈액

잠수하면…

수압이 높아지면서 혈액에 질소가 녹아 질소 마취가 일어난다.

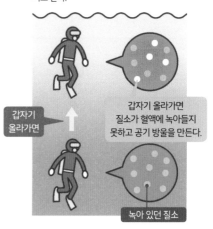

갑자기 올라가면

갑자기 올라가면 질소가 혈액에 녹아들지 못하고 공기 방울을 만든다.

녹아 있던 질소

▶ 희귀 가스 (그림2)

주기율표 오른쪽의 18족 원소를 가리킵니다. 화학적으로 안정되어 다른 물질과 반응해서 화합물을 만들지 않으므로 비활성 기체라고도 합니다.

H																	He
Li	Be											B	C	N	O	F	Ne
Na	Mg											Al	Si	P	S	Cl	Ar
K	Ca	Sc	Ti	V	Cr	Mn	Fe	Co	Ni	Cu	Zn	Ga	Ge	As	Se	Br	Kr
Rb	Sr	Y	Zr	Nb	Mo	Tc	Ru	Rh	Pd	Ag	Cd	In	Sn	Sb	Te	I	Xe
Cs	Ba		Hf	Ta	W	Re	Os	Ir	Pt	Au	Hg	Tl	Pb	Bi	Po	At	Rn
Fr	Ra		Rf	Db	Sg	Bh	Hs	Mt	Ds	Rg	Cn	Nh	Fl	Mc	Lv	Ts	Og

18족

대표적인 희귀 가스 헬륨(He)

냄새도 맛도 없고 수소 다음으로 가벼운 기체. 혈액에 잘 녹지 않는다는 점을 활용하여 산소와 헬륨의 혼합 기체를 심해 잠수용, 의료용으로 사용한다.

30 소화기는 어떻게 불을 끌까?

그렇 구나! 불타는 물체와 산소를 차단하는 질식 소화, 연소의 연쇄 반응을 막는 억제 소화로 불을 꺼요!

불이 났을 때 활약하는 소화기! 소화기가 불을 끄는 데에는 어떤 원리가 숨어 있을까요?

소화기의 종류는 다양합니다. 건물에 비치된 소화기는 보통 **ABC 분말 소화기**로, 실제로 소화기 안에는 분홍색 가루가 들어 있습니다. ABC는 나무나 종이가 타는 일반 화재(A급), 기름 같은 가연성 액체에 의한 유류 화재(B급), 전기 설비에 의한 전기 화재(C급)를 통틀어 부르는 말입니다. 예를 들어 전기 화재가 일어났을 때 전기가 통하는 물을 끼얹으면 감전될 위험이 커지겠지요. 이러한 화재를 진압할 때 적절한 소화법이 있습니다.

연소 반응은 ① 가연성 물질(불에 타는 물질), ② 산소, ③ 고온의 열원, ④ 연소의 연쇄 반응이라는 네 요소가 갖춰졌을 때 일어납니다. 소화의 핵심은 이 네 요소를 하나라도 제거하는 것입니다(그림 1). ABC 분말 소화기는 분말을 분사해서 **질식 소화** 또는 **억제 소화**를 통해 불을 끕니다.

질식 소화는 불타는 물체 표면을 분말로 덮어 산소 공급을 차단하는 방법이고, 억제 소화는 분말의 주성분인 제1 인산 암모늄($NH_4H_2PO_4$)으로 연소 시 일어나는 산화의 연쇄 반응을 차단해서 연소를 중단시키는 소화 방법입니다(그림 2).

소화 = 연소의 요인을 제거한다!

▶ 연소와 소화 (그림 1)

연소는 가연성 물질, 산소, 고온의 열원, 연소의 연쇄 반응이라는 네 요소가 갖춰졌을 때 일어나며 소화는 이를 제거하는 행위입니다.

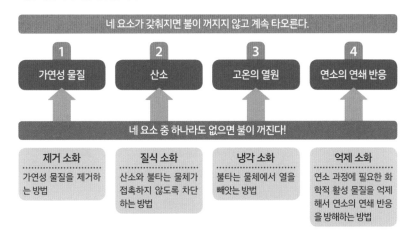

네 요소가 갖춰지면 불이 꺼지지 않고 계속 타오른다.

1	2	3	4
가연성 물질	산소	고온의 열원	연소의 연쇄 반응

네 요소 중 하나라도 없으면 불이 꺼진다!

제거 소화	질식 소화	냉각 소화	억제 소화
가연성 물질을 제거하는 방법	산소와 불타는 물체가 접촉하지 않도록 차단하는 방법	불타는 물체에서 열을 빼앗는 방법	연소 과정에 필요한 화학적 활성 물질을 억제해서 연소의 연쇄 반응을 방해하는 방법

▶ ABC 소화기의 원리 (그림 2)

ABC 소화기는 일반 화재, 유류 화재, 전기 화재를 진압할 수 있는 소화기입니다. 화학 물질이 포함된 분말을 분사해서 질식 소화 또는 억제 소화를 일으킵니다.

질식 소화

불꽃을 분말로 덮어 산소 공급을 차단하는 소화.

억제 소화

제1 인산 암모늄을 열분해했을 때 만들어지는 암모늄 이온(NH_4^+)이 연료로 만들어지는 하이드록시기를 비롯한 반응성 높은 물질에 달라붙어 연소가 일어나지 못하게 방해하는 소화.

Q 눈을 녹일 때 뿌리는 가루의 정체는 무엇일까?

| 설탕 | or | 소금 | or | 밀가루 |

눈이 내렸을 때 치우지 않은 탓에 그대로 얼어버리면 미끄러지기 쉬워서 위험하지요. 그때 도로에 하얀 가루를 뿌리면 눈과 얼음이 녹는데요. 이 하얀 가루의 성분은 무엇일까요?

눈과 얼음을 녹이기 위해 도로와 지면에 뿌리는 약제를 제설제라고 합니다. 제설제는 종류가 다양한데, 흔히 쓰이는 제설제는 눈과 얼음에 뿌려서 녹이는 하얀 가루 타입입니다. 제설제가 눈을 녹이는 원리는 **어는점 내림**이라는 현상입니다.

    어떤 액체에 고체를 녹인 용액의 어는점(액체가 고체로 바뀌는 온도)이 원래 액체보다 낮아지는 현상을 어는점 내림이라고 합니다. 가령 얼음에 식용 소금을 뿌리면 소금은 얼음 표면에 맺힌 물에 녹습니다. 이 소금물은 어는점이 낮으므로 실온에서 다시 바로 얼지 않고, 주변의 얼음을 계속 녹이게 됩니다. 다시 말해 **물은 0℃에서 얼음이 되지만, 소금물은 0℃에서도 얼음이 되지 않는답니다.**

제설제와 동결 방지제는 같은 약품입니다. 도로에 쌓인 눈이 녹으면 물이 되고, 그 물이 얼어붙으면 빙판길이 되지요. 여기에 약품을 뿌리면 어는점이 0℃보다 낮아져서 빙판길이 되지 않도록 막을 수 있습니다.

따라서 정답은 '소금'입니다. 제설제에는 염화소듐(식용 소금) 또는 염화칼슘이 들어갑니다. 그리고 소금뿐만 아니라 요소나 질소 수용액을 쓰기도 하는데, 어는 온도를 낮추는 원리는 같습니다. 하얀 가루 외에도 검은 석탄 가루를 뿌리는 타입이 있는데, 석탄이 태양열을 흡수해서 주변의 눈을 녹이는 원리를 이용합니다.

어는점 내림이란 무엇일까?

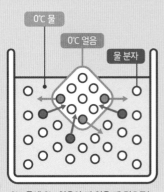

0℃ 물에 0℃ 얼음이 떠 있을 때 겉으로는 아무 변화가 없는 것처럼 보이지만, 물에서 얼음이 되는 현상과 얼음에서 물이 되는 현상이 동시에 일어나고 있으며 상태가 바뀌는 분자 수는 같다.

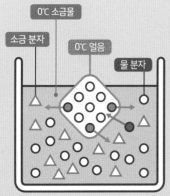

0℃ 소금물에 0℃ 얼음이 떠 있을 때, 물에서 얼음이 되는 현상을 소금 분자가 방해하면서 상대적으로 얼음에서 물이 되는 현상이 더 많이 일어나므로 얼음이 녹는다.

31 비누가 기름때를 지우는 원리는 무엇일까?

비누에 물과 기름 사이를 이어주는 계면 활성제가 들어 있기 때문이에요!

피부나 옷에 기름때가 묻으면 물만으로는 좀처럼 지우기 힘든데요. 물이 극성 분자이고 기름이 무극성 분자여서 서로 섞이지 않기 때문이라고 앞에서 설명했지요(➡p.36). 서로 섞이지 않는 화학적 성질 때문에 물로는 기름때가 지워지지 않습니다.

기름때를 깨끗하게 지우려면 지방산 소듐이라는 화학 물질로 만든 고체 비누를 써야 합니다. **비누의 지방산 소듐 분자는 물과 친한 친수기, 그리고 기름과 친한 소수기(친유기)를 둘 다 가지고 있기 때문이지요**(그림 1).

비누가 물에 녹으면 분자들이 기름때 분자에 둥글게 붙는데, 친수기가 바깥쪽, 소수기가 안쪽으로 향하는 구형 미립자인 마이셀을 형성합니다. 그리고 기름때는 옷 표면에서 떨어져 마이셀 내부로 들어가 미립자째로 물에 분산되면서 옷이 깨끗해지지요(그림 2). 이러한 작용을 **유화**, 친수기와 소수기를 가진 물질을 **계면 활성제**라고 합니다.

염기성이어서 단백질을 변질시키는 성질이 있는 비누는 양모 같은 동물성 섬유를 망가뜨린답니다. 그리고 칼슘과 마그네슘 함량이 높은 센물에서는 세척력이 약해진다는 단점이 있는데, 이 단점을 보완한 합성 세제도 있습니다.

물과 친한 친수기, 기름과 친한 소수기

▶ 친수기와 소수기 (그림1)

비누의 성분인 지방산 소듐의 분자는 가늘고 길며 물과 친한 부분(친수기) 및 물과 친하지 않은 부분(소수기)으로 이루어져 있습니다. 친수기와 소수기를 모두 가진 물질을 계면 활성제라고 합니다.

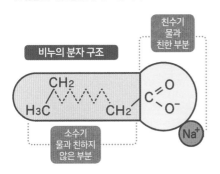

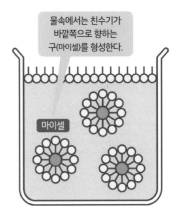

물속에서는 친수기가 바깥쪽으로 향하는 구(마이셀)를 형성한다.

▶ 비누로 기름때를 지우는 원리 (그림2)

지방산 소듐 분자로 만든 비누가 계면 활성제로 작용해서 기름때를 지웁니다.

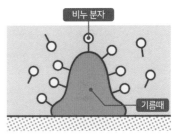

2 비누의 소수기가 기름때에 붙어서 끌어당긴다.

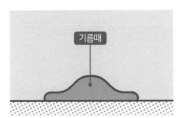

1 기름때는 물을 튕겨내므로 물로는 씻기지 않는다.

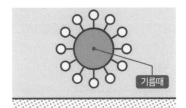

3 기름때가 마이셀 내부로 들어간 다음 물에 분산된다.

32 왜 표백제를 함부로 섞으면 안 될까?

 **그렇구나!** 염소 계열 세제와 산성 세제를 섞으면 독가스인 염소 가스가 만들어져요!

세제와 표백제 뒷면을 잘 보시면 함부로 섞지 말라는 경고 문구를 찾아볼 수 있습니다. 함부로 섞으면 어떤 일이 벌어질까요?

강한 살균 효과를 발휘하는 **염소 계열 세제**와 물때와 누런 때를 지울 때 쓰는 **산성 세제**는 섞으면 안 될 대표적인 조합입니다. 둘을 섞으면 염소 계열 세제에 들어 있는 차아염소산 소듐($NaClO$)이 산성 세제에 들어 있는 염산(HCl)과 반응해서 **염소 가스**(Cl_2)를 만듭니다(그림). 염소 가스는 제1차 세계 대전에서 독일군이 화학 무기로도 사용했는데요. **눈, 피부, 기도를 부식시켜서 죽음에 이르게 하는 독가스**랍니다.

산성인 식초, 레몬즙, 시트르산, 옥살산 등의 **산** 역시 염산만큼 강하지는 않지만, 염소 계열 세제와 함께 사용해서는 안 됩니다.

효능이 같아도 함께 사용하면 안 될 조합은 그 밖에도 있습니다. 옷장에 넣는 장뇌($C_{10}H_{16}O$)와 파라다이클로로벤젠($C_6H_4Cl_2$)과 나프탈렌($C_{10}H_8$)은 모두 방충 효과가 있으며 고체에서 바로 기체가 되는 물질입니다. 그런데 이 물질들을 함께 사용하면 고체에서 액체로 변해서 **옷장에 넣어둔 옷에 얼룩이 지고 색이 변할 우려가 있습니다.**

우리 몸에 해로운 염소 가스

▶ 염소 가스가 만들어지는 원리

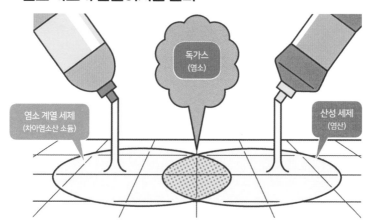

독가스
(염소)

염소 계열 세제
(차아염소산 소듐)

산성 세제
(염산)

1 $NaClO + HCl \rightarrow NaCl + HClO$

차아염소산 소듐
(염소 계열 세제)

염산
(산성 세제)

염화소듐

차아염소산

염소 계열 세제에 들어 있는 차아염소산 소듐과 산성 세제에 들어 있는 염산이 반응하면
차아염소산이 만들어진다.

2 $HClO + HCl \rightarrow H_2O + Cl_2$

차아염소산

염산
(산성 세제)

물

염소 가스

1 에서 만들어진 차아염소산과 산성 세제의 염산이 반응하면 염소 가스가 만들어진다.

다른 산도 섞으면 위험할까?

산과 차아염소산 소듐을 섞으면 염소 가스가 생겨서 위험하지요. 염산과 반응해서 생긴 독가스 때문에 가정
에서 사망자가 나온 적도 있습니다. 여관 종업원이 목욕탕을 청소할 때 타일 청소에 효과적이라는 옥살산
($H_2C_2O_4$)을 차아염소산 소듐과 섞는 바람에 호흡 곤란에 빠져 30일 동안 영업 정지된 사례도 있었습니다.

$$4NaClO + 2H_2C_2O_4 \rightarrow 2NaC_2O_4 + 2Cl_2 + O_2 + 2H_2O$$

차아염소산 소듐　　　옥살산　　　　　옥살산 소듐　　　염소 가스　　　산소　　　물

33 페트병은 어떤 물질일까?

석유로 만든 합성수지입니다.
합성수지는 재활용할 수 있어서 직물도 만들 수 있어요!

페트병은 어떤 물질로 만들어졌을까요? 페트병의 페트(PET)는 폴리에틸렌테레프탈레이트의 줄임말입니다. 석유로 만든 플라스틱(합성수지)이지요. 플라스틱은 합성 고분자 화합물로 만듭니다. 자세히 들어가자면 나프타(원유에서 얻은 기름)를 분해해서 얻은 에틸렌글리콜과 테레프탈산을 원료로 고온 고압 조건에서 중합 반응을 여러 번 거쳐 만듭니다(그림 1). **이 수지를 녹여서 금형에 넣고 부풀린 제품이 바로 페트병입니다.** 참고로 합성수지를 실로 자아내면 옷을 만들 수 있고, 필름 형태로 만들면 식품의 포장재가 됩니다(그림 2).

페트병이 개발된 계기는 미국의 화학자 너새니얼 와이어스의 "왜 탄산음료를 플라스틱이 아니라 유리병에 담을까?"라는 의문이었습니다. 당시 와이어스가 플라스틱병에 탄산음료를 보관했더니 병이 부풀어 올랐다고 합니다. 그는 튼튼한 플라스틱 소재를 찾았고, 1973년에 폴리에틸렌테레프탈레이트를 개발하기에 이르렀습니다.

PET 수지의 특징은 **재활용할 수 있다**는 점입니다. 다 쓴 페트병을 수거해서 잘게 부순 다음 고온에 녹이면 PET 수지는 섬유로 다시 태어나고, 이 섬유는 목장갑, 걸레, 작업복 등의 직물을 만드는 데 쓰입니다.

PET의 특징을 살려서 만든 음료수병

▶ PET (그림1)

테레프탈산과 에틸렌글리콜을 원료로 중합 반응을 거쳐 만든 플라스틱(합성수지)의 일종입니다.

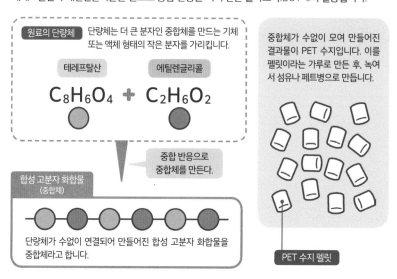

원료의 단량체 — 단량체는 더 큰 분자인 중합체를 만드는 기체 또는 액체 형태의 작은 분자를 가리킵니다.

테레프탈산   에틸렌글리콜

$$C_8H_6O_4 \ + \ C_2H_6O_2$$

중합 반응으로 중합체를 만든다.

합성 고분자 화합물 (중합체)

단량체가 수없이 연결되어 만들어진 합성 고분자 화합물을 중합체라고 합니다.

중합체가 수없이 모여 만들어진 결과물이 PET 수지입니다. 이를 펠릿이라는 가루로 만든 후, 녹여서 섬유나 페트병으로 만듭니다.

PET 수지 펠릿

▶ PET 수지로 만든 제품 (그림2)

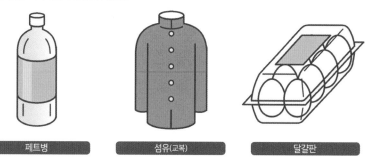

페트병
PET 수지 펠릿을 녹여 페트병 형태로 가공한다.

섬유(교복)
PET 수지 펠릿을 녹여 만든 섬유로 옷을 만든다.

달걀판
가볍고 내한성과 투명성이 있어서 식품 용기로 쓰인다.

34 어떻게 냄새를 지울까? 탈취제에 숨은 화학

그렇구나! 악취의 근원인 분자를 산화하거나 중화하거나 흡착하거나 분해하는 등 다양한 방법이 있어요!

방에 냄새가 심하면 탈취제를 뿌려서 냄새를 없애는데요. **탈취제의 핵심은 악취의 원인인 분자를 없애는 것**입니다. 분자를 없애는 방법으로는 다음과 같이 4가지가 있습니다(그림).

첫 번째는 **악취의 원인인 분자에 화학 반응을 일으켜 다른 분자로 바꿈으로써 냄새를 없애는 방법**입니다. 예를 들어 화장실 악취의 원인인 암모니아는 염기성 물질입니다. 이를 산성 물질과 반응시켜서 중화하거나 오존으로 산화시키면 냄새가 없는 물질이 만들어집니다.

두 번째는 **활성탄에 악취 분자를 흡착시키는 방법**입니다. 악취를 내뿜는 분자는 대부분 질소 원자나 황 원자를 가지고 있습니다. 이러한 분자들은 활성탄 표면에 달라붙는 성질이 있고, 활성탄에는 작은 구멍이 무수히 많아서 방 안에 활성탄을 두면 악취만 제거할 수 있습니다. 냉장고의 냄새를 없앨 때도 종종 쓰이는 방법이지요.

세 번째는 **박테리아를 이용해서 악취 분자를 이산화탄소와 물로 분해하는 방법**입니다. 그리고 네 번째는 **악취 분자를 향기로운 물질로 변환하는 방법**입니다. 이를테면 재스민 향 성분에는 대변 냄새의 원인인 인돌도 들어 있는데요. 합성으로 인돌의 양을 조절하면 재스민 향으로 바꿀 수 있습니다.

악취 분자를 제거하는 방법

▶ 악취를 없애려면?

악취의 원인은 주로 암모니아, 황화수소, 메테인싸이올, 트라이메틸아민입니다. 이 성분들이 없으면 악취도 나지 않습니다.

방법 1 중화 또는 산화 환원 등의 화학 반응

- 악취 분자가 산성·염기성일 때 중화 반응으로 없앨 수 있습니다. 화장실에서 나는 암모니아 냄새는 구연산으로 중화하면 사라집니다(아래 화학식 참고).

- 악취 분자를 산화시켜서 냄새가 없는 분자로 만드는 방법도 있습니다. 오존으로 암모니아를 산화시키면 질소와 물로 분해되어 냄새가 사라집니다. 황화수소는 염소 계열 물질과 반응해서 산화하면 냄새가 사라집니다.

$$3NH_3 + C_6H_8O_7 + 3H_2O \Rightarrow C_6H_5O_7(NH_4)_3 + 3H_2O$$

| 암모니아 (오줌) | 구연산 (고양이 모래) | 물 | 구연산 암모늄 | 물 |

방법 2 악취를 흡착시키는 숯

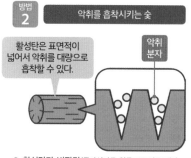

활성탄은 표면적이 넓어서 악취를 대량으로 흡착할 수 있다.

악취 분자

- 활성탄과 비장탄(졸가시나무 원목으로 만든 백탄 - 옮긴이)에는 미세한 구멍이 무수히 많아서 공기 중에 떠도는 악취 분자를 부착시켜 냄새를 없앨 수 있습니다.

방법 3 박테리아에 의한 분해

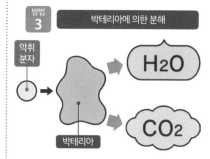

악취 분자

H_2O

CO_2

박테리아

- 낫토균처럼 좋은 박테리아는 악취의 원인 물질을 이산화탄소와 물로 분해할 수 있습니다(미생물 탈취).

방법 4 악취를 좋은 냄새로 변환

- 고농도의 인돌은 악취의 원인이지만, 저농도의 인돌은 좋은 냄새가 납니다. 인돌에 다른 분자를 더해서 재스민 향으로 바꿀 수 있습니다.

35 일회용 기저귀는 어떻게 물을 흡수할까?

그렇
구나!

삼투압의 원리로
그물 구조에 물을 대량으로 담을 수 있어요!

일회용 기저귀는 폴리아크릴산 소듐이라는 **고흡수성 중합체로 수분을 흡수합니다**(그림 1). 고흡수성 중합체는 일회용 기저귀와 생리대뿐만 아니라, 원예는 물론 생선회에서 흘러나오는 조직액을 흡수할 때, 음식을 걸쭉하게 만드는 식품용 증점제 등 다양한 곳에서 활약합니다. **고흡수성 중합체는 3차원 분자 구조의 그물에 물을 가두고, 이렇게 모인 물은 외부에서 압력을 가해도 밖으로 나오지 않는 특징이 있습니다.** 그래서 아기들이 자다가 뒤척여도 기저귀가 샐 걱정이 없지요.

그런데 애초에 왜 물이 고흡수성 중합체 안으로 들어가는 것일까요? 그 이유는 바로 **삼투압** 때문입니다. 삼투압이란 서로 농도가 다른 용액이 만났을 때 농도가 높은 용액을 연하게 만드는 힘입니다. 예를 들어 오이를 칼로 자르고 그 위에 소금을 뿌리면 소금을 희석하기 위해 오이에서 물이 나오지요. 오이 표면으로 물을 내보내는 힘이 바로 삼투압입니다(그림 2).

고흡수성 중합체는 물과 상성이 좋을 뿐만 아니라 소듐 이온을 방출할 수 있는 구조이기도 한데요. 이 이온을 희석하기 위해 물이 점점 중합체 안으로 들어옵니다.

참고로 오줌이 아닌 순수한 물은 더 잘 흡수할 수 있고, 반대로 농도가 높은 소금물은 잘 흡수하지 못한다고 합니다.

그물 구조에 수많은 분자가 결합하는 구조

▶ 일회용 기저귀의 구조
(그림1)

일회용 기저귀는 물을 빨아들이면 부푸는데, 힘을 주어도 물이 밖으로 새어 나오지 않도록 고흡수성 중합체 가루가 들어 있습니다.

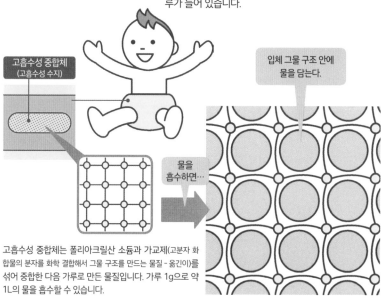

고흡수성 중합체
(고흡수성 수지)

입체 그물 구조 안에
물을 담는다.

물을
흡수하면…

고흡수성 중합체는 폴리아크릴산 소듐과 가교제(고분자 화합물의 분자를 화학 결합해서 그물 구조를 만드는 물질 - 옮긴이)를 섞어 중합한 다음 가루로 만든 물질입니다. 가루 1g으로 약 1L의 물을 흡수할 수 있습니다.

▶ 삼투압 (그림2)

삼투압이란 서로 다른 농도의 물이 만났을 때 농도를 균일하게 맞추기 위해 물을 이동시키는 힘입니다.

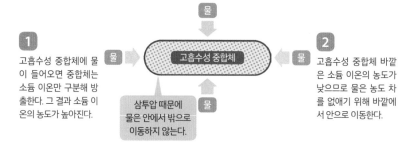

물

1
고흡수성 중합체에 물이 들어오면 중합체는 소듐 이온만 구분해 방출한다. 그 결과 소듐 이온의 농도가 높아진다.

물

고흡수성 중합체

물

삼투압 때문에
물은 안에서 밖으로
이동하지 않는다.

물

2
고흡수성 중합체 바깥은 소듐 이온의 농도가 낮으므로 물은 농도 차를 없애기 위해 바깥에서 안으로 이동한다.

36 무엇이든 녹이는 황산! 공업에서는 중요한 원료라고?

그렇 구나! 황산은 위험하지만, 매우 중요한 물질이기도 해요. 식품 첨가물로도 쓰인답니다!

무색에 점성이 높은 액체인 **황산**(H_2SO_4)은 무엇이든 녹여버리는 무시무시한 이미지가 있지요. 진한 황산은 산화력이 높아 위험하지만, 공업에서는 매우 중요한 원료이기도 합니다.

예로부터 황산은 **광물에서 정제하고자 하는 금속을 녹일 때**(침출)나 **염료를 조합할 때** 쓰였습니다. 인류가 최초로 황산을 만든 시기는 8세기입니다. 아라비아의 연금술사가 황산 알루미늄 포타슘 수화물, 즉 백반을 건류(고체를 열분해해서 휘발성 물질과 비휘발성 물질로 분리하는 방법 - 옮긴이)해서 만들었다고 합니다. 사람이 일일이 만들었기 때문에 18세기에 공정이 개발되기 전까지 황산은 매우 비싼 물질이었습니다.

오랫동안 황(S)과 초석(KNO_3)을 태워 유리 용기 안쪽에 붙은 황산을 모으는 방법을 사용하다가, 1746년 영국의 화학자 존 로벅이 황산을 대량 제조하는 **연실법**을 개발했습니다. 황산을 얻는 원리는 기존과 같지만, 대량 생산이 가능해진 덕에 가격이 내려가면서 황산의 수요도 점차 증가했습니다. 오늘날에는 촉매를 이용한 **접촉법**이라는 방법을 주로 사용합니다(그림 1).

황산은 염산이나 질산과 달리 휘발하지 않는다는 점이 큰 특징입니다. 나일론 섬유 공업, 구리 제련 등에 쓰이며 인산 비료, 질소 비료를 비롯한 비료를 만들 때는 전 세계의 생산량 중 약 절반가량에 황산이 들어갑니다(그림 2). 게다가 위내시경 검사를 할 때도 조영제로 황산 바륨을 사용합니다.

황산의 용도와 특성

▶ 황산을 만드는 방법 (그림1) 오늘날 황산은 접촉법이라는 방법으로 양산합니다.

접촉법의 개요

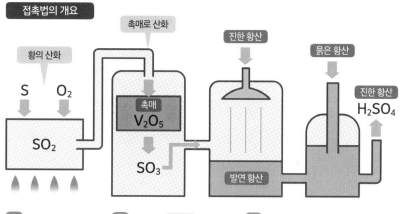

황의 산화

촉매로 산화

진한 황산

묽은 황산

S O_2

촉매
V_2O_5

진한 황산
H_2SO_4

SO_2

SO_3

발연 황산

1
$$S + O_2 \Rightarrow SO_2$$
황(S)을 태우고 산화시켜서
이산화황(SO_2)을 만든다.

2 V_2O_5
$$2SO_2 + O_2 \Rightarrow 2SO_3$$
이산화황을 산화시켜서 삼산화황
(SO_3)을 만든다. 이때 촉매로 산화바
나듐(V_2O_5)이 쓰인다.

3
$$SO_3 + H_2O \Rightarrow H_2SO_4$$
삼산화황을 진한 황산에 흡수시켜서 발연
황산을 만든다. 발연 황산과 묽은 황산의
물을 반응시키면 진한 황산이 만들어진다.

▶ 황산 화합물의 활용법 (그림2)

비료

식물의 잎과 줄기 성장에 효과가
좋은 유안 비료의 성분은 황산
암모늄이다.

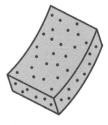

곤약을 만들 때 응고제로 황산
포타슘을 사용한다.

ECO
BAG

일상에서 쓰이는 나일론을 만들
때 황산이 들어간다.

37 우리가 사용하는 연료 가스의 정체는 무엇일까?

그렇구나! 옛날에 사용했던 **석탄 가스**, 오늘날 사용하는 **LPG와 천연가스**는 모두 **화석에서 유래한 연료**예요!

우리가 평상시 사용하는 연료 가스의 정체는 무엇일까요?

1792년 스코틀랜드의 발명가 윌리엄 머독이 석탄을 태워서 만든 **석탄 가스**(주성분은 일산화탄소와 수소)로 가스등을 밝히는 데 성공한 사건이 시초입니다. 당시에는 가스로 조명을 밝혔지만, 전등의 발명을 경계로 19세기 후반부터는 조명을 밝힐 때 전기를, 열을 만들 때 가스를 사용하도록 나뉘었습니다. 지금은 요리나 목욕에 없어서는 안 될 연료가 되었지요.

오늘날 우리가 사용하는 가스는 **LPG**와 **도시가스**입니다(그림 1). 가스통에 충전해서 쓰는 LPG는 **액화 석유 가스**라는 뜻이며 석유에서 추출한 가스 성분인 프로페인(C_3H_8) 또는 뷰테인(C_4H_{10})이 주성분입니다.

가스관을 통해 공급되는 도시가스는 메테인(CH_4)이 주성분인 **천연가스**(처음부터 기체로 산출되는 가스)를 사용합니다. 이전에는 도시가스도 석유를 열분해해서 만든 가스를 사용했지만, 천연가스를 냉각·액화해서 부피를 줄인 액화 천연가스(LNG) 형태로 운송하는 기술이 확립된 뒤로 천연가스가 주력이 되었습니다(그림 2).

석탄과 석유에서 유래한 LPG와 천연가스는 과거에 죽은 생물의 사체가 오랜 세월에 걸쳐 변화해온 **화석 연료**입니다.

가스의 종류와 성질

▶ LPG와 천연가스 (그림1)

LPG의 주성분은 석유에서 유래한 프로페인이고 도시가스는 천연가스를 이용하며, 둘 다 화석 연료입니다.

천연가스
가스관을 통해 공급한다. 주성분은 메테인이며 공기보다 가볍다. 태울 때 석유와 석탄보다 이산화탄소가 적게 배출된다.

LPG
가스통에 충전한다. 주성분인 프로페인과 뷰테인은 원유 및 천연가스에서 분리해서 추출하며 공기보다 무겁다.

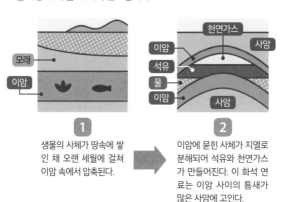

1 생물의 사체가 땅속에 쌓인 채 오랜 세월에 걸쳐 이암 속에서 압축된다.

2 이암에 묻힌 사체가 지열로 분해되어 석유와 천연가스가 만들어진다. 이 화석 연료는 이암 사이의 틈새가 많은 사암에 고인다.

▶ 천연가스를 액체로 운반하는 이유는 무엇일까? (그림2)

천연가스를 -162℃로 냉각하면 액체가 되면서 600분의 1까지 부피를 압축할 수 있습니다. 일본에서는 1969년 도쿄가스주식회사와 도쿄전력이 액화 천연가스 수출입 시스템을 확립한 이후 전 세계 규모로 액화 천연가스를 거래하고 있습니다.

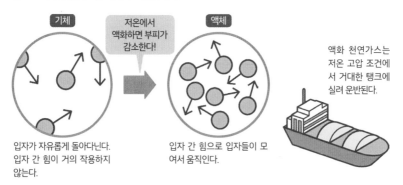

기체

저온에서 액화하면 부피가 감소한다!

액체

입자가 자유롭게 돌아다닌다. 입자 간 힘이 거의 작용하지 않는다.

입자 간 힘으로 입자들이 모여서 움직인다.

액화 천연가스는 저온 고압 조건에서 거대한 탱크에 실려 운반된다.

제2장 _ 더 알고 싶어요! 화학의 이모저모   101

끈기 있게 방사선을 연구한 연구자

마리 퀴리

(1867~1934)

퀴리 부인으로 잘 알려진 마리 퀴리는 폴로늄과 라듐이라는 원소를 발견한 폴란드의 화학자입니다. 물리와 수학에서 뛰어난 성적을 거두며 파리의 소르본대학을 졸업한 그녀는 그 후 동료 연구자인 피에르와 결혼했고, 우라늄 방사선 연구를 시작했습니다.

당시는 몸속을 투과하는 X선의 발견에 모두가 열광하던 시대였습니다. X선을 연구하던 과학자들은 우라늄 광석에서 나온 수수께끼의 방사선을 발견했습니다. 퀴리 부인은 이 수수께끼를 풀기로 마음먹었고, 피에르가 발명한 수정 전량계로 방사선이 나올지도 모르는 후보 광물들을 모두 분석했습니다. 그 결과 우라늄 원자 안쪽에서 방사선이, 섬우라늄석에서는 우라늄보다 강한 방사선이 나온다는 사실을 밝혀냈습니다. 그녀는 강한 방사선을 내뿜는 미지의 원소가 존재하리라고 예측했습니다.

퀴리 부부는 대단히 끈기 있는 연구자였습니다. 새로운 원소인 폴로늄을 미량 발견하기까지 전량계로 확인하면서 수 톤이나 되는 광석을 산으로 녹일 정도였지요. 게다가 그 실험에서 생긴 부산물에서 또 다른 새 원소인 라듐까지 발견했습니다. 이 업적으로 두 사람은 노벨 물리학상을 받았고, 퀴리 부인은 이후 노벨 화학상까지 받았습니다. 당시 두 사람은 방사성 원소가 얼마나 위험한지 모르고 실험해왔던 탓에 방사선 장애로 고통받았지만, 둘의 연구 덕에 오늘날 암 진단 및 치료와 의료 기기 멸균 등 다양한 분야에서 방사선을 활용할 수 있게 되었습니다.

제 **3** 장

그렇구나!
화학의 발견과 발전

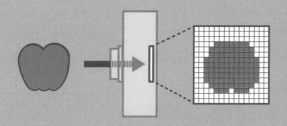

석탄, 석유, 고무, 합성 섬유, 철강 제품, 의약품…

모두 현대 사회에 없어서는 안 될 과학의 산물이지요.

이 발명·발견의 계기는 무엇이었으며, 어떻게 인류의 생활을 바꿨을까요?

이번 장에서는 화학의 발견과 발전에 관해 다뤄보겠습니다.

38 '화학'의 출발점을 알아보자

연금술 실험으로 얻은
화학 지식과 실험 기구가 **화학의 출발점**이었어요!

화학(chemistry)이라는 말은 연금술(alchemy)에서 유래되었답니다. 연금술이란 납이나 주석 같은 비금속에서 귀금속(금)을 만들려는 시도를 의미하는데요. 기원전 2세기에 등장해서 17~18세기까지 수많은 연구자가 지지했던 일종의 기술이자 학문이었습니다(그림 1).

연금술사는 금을 얻기 위해 온갖 실험을 했습니다. 금은 끝내 얻지 못했지만, 그 대신 **실험의 부산물로 실용적인 화학 지식을 수없이 발견했습니다.** 연금술사는 자기 실험실을 마련해서 화로를 비롯하여 비커, 플라스크, 증류기, 도가니, 막자사발, 유리병 등 오늘날에도 쓰이는 기구들로 수많은 물질을 가열하거나 증류했습니다.

8~9세기 아라비아의 화학자 자비르 이븐 하이얀은 실험을 관찰해서 아세트산과 왕수(금을 녹이는 산)의 제조법은 물론 철을 녹슬지 않게 하는 방법을 확립하고 구리를 태웠을 때 파란색 불꽃이 이는 불꽃색 반응을 발견하는 등 수많은 화학 지식을 남겼습니다. 그리고 16세기 스위스의 연금술사 파라켈수스는 연금술을 활용한 제조법으로 치료제를 만들었습니다(그림 2).

이러한 **연금술 덕에 구현된 실용적 화학 지식과 기구는 근대 화학의 기초가 되었습니다.** 그러나 1661년 영국의 화학자 보일이 부정하면서 연금술은 점차 쇠퇴했고, 실용적인 기술에서 '화학'이라는 실험에 바탕을 둔 학문으로 변해갔습니다.

연금술은 비금속을 금으로 바꾸려는 시도

▶ 연금술이란 어떤 학문일까? (그림1)

비금속에서 금을 비롯한 귀금속을 만들고자 했던 시도입니다. 기원전 2세기 고대 이집트의 도시 알렉산드리아가 기원이라고 합니다.

연금술의 목적

비금속을 금으로 바꾼다!

Q 어떻게 바꿀 수 있나요?

A 모든 물질은 불, 물, 공기, 흙이라는 네 원소로 이루어져 있는데(4원소설), 이 원소들이 어떤 비율로 이루어져 있느냐에 따라 다른 물질이 됩니다. 따라서 그 비율을 알면 금도 만들 수 있지요!

Q '현자의 돌'이 뭐예요?

A 비금속을 귀금속으로 바꿀 때 꼭 필요한 물질이에요. 연금술사들은 실험실에서 금속을 녹이는 등 열성적으로 현자의 돌을 찾고자 했어요.

▶ 화학 지식을 발견한 대표적인 연금술사 (그림2)

◆ 조시모스   기원전 3~4세기

많은 연금술사가 그의 금속과 광물에 관한 화학 지식 및 경험을 존경해서 스승으로 섬겼다. 28권짜리 연금술 백과사전을 집필했다.

◆ 파라켈수스   1493~1541년

의사이자 연금술사. 연금술 연구로 철, 수은, 비소 등의 금속 화합물을 의약품으로 활용하는 방법을 발견했다. 실험을 중시한 인물로 의약화학의 시조로 불린다.

◆ 자비르 이븐 하이얀   8~9세기

아세트산과 왕수의 제조법을 비롯한 화학 지식을 남겼다. 연금술뿐만 아니라 각종 학문 분야의 책을 집필했으며 이 저서들은 번역되어 서양에 많은 영향을 주었다.

39 모든 물질의 근원인 원자는 어떻게 발견되었을까?

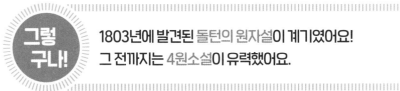

그렇구나! 1803년에 발견된 돌턴의 원자설이 계기였어요!
그 전까지는 4원소설이 유력했어요.

지구상의 모든 물질은 원자라는 90종류의 아주 작은 물질로 이루어져 있어요. 원자의 지름은 약 1억분의 1cm인데요. 눈에 보이지도 않을 만큼 작은 원자는 어떻게 발견되었을까요?

고대 그리스에는 '**모든 물질이 무수히 많은 원자**(부서지지 않는 입자)**로 이루어져 있다**'라고 생각한 철학자가 있었습니다. 하지만 17세기까지는 "**모든 물질이 불, 물, 공기, 흙이라는 네 원소로 이루어져 있다**"라는 **4원소설**이 유력했지요. 근대까지 화학자들은 물질이 어떤 형태인지 모른 채 상상만으로 연구해왔습니다(그림 1).

고대 그리스에서 기원한 원자설을 체계화한 인물은 영국의 화학자 존 돌턴입니다. 돌턴은 고도가 달라도 공기를 이루는 산소와 질소의 비율이 균일한 현상에 의문을 가졌습니다. '지표면이 가까울수록 질소보다 무거운 산소의 비율이 높아야 할 텐데…'라고 말이지요. 이 연구를 계기로 돌턴은 1803년에 **원자설**을 발표하게 되었습니다(그림 2).

돌턴의 생각에 오류도 있었지만, "**원자는 종류에 따라 크기와 질량이 다르다**"라는 개념을 고안함으로써 인류는 원자를 한층 깊이 이해할 수 있게 되었습니다. 원자의 정확한 크기와 질량을 측정하고 구조를 밝혀냄으로써 화학 연구는 크나큰 한 걸음을 내디딜 수 있었습니다.

원자를 둘러싼 다양한 이론

▶ 물질은 무엇으로 이루어졌을까? (그림1)

과거의 물질관

제창자	물질관
탈레스 (기원전 624~546년경)	모든 물질의 근원은 **물**이다.
헤라클레이토스 (기원전 540~480년경)	모든 물질의 근원은 '영원히 살아 있는 **불**'이다.
엠페도클레스 (기원전 490~430년경)	모든 물질의 근원은 **불, 물, 공기, 흙**이다.
데모크리토스 (기원전 460~370년경)	모든 물질은 무수히 많은 입자로 이루어져 있다. 입자 하나하나는 더 나뉘지 않는 **원자**다.

모든 물질은
불, 물, 공기, 흙이라는
네 원소로
이루어져 있다!

▶ 돌턴의 원자설 (그림2)

돌턴은 자신이 생각해낸 원자설을 바탕으로 몇몇 법칙을 예측했습니다.

1 원자는 더 나뉘지 않는 물질이다.

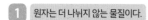

2 원자는 새로 만들어지거나 사라지지 않는다.

3 원자는 종류에 따라 질량과 크기가 다르다.

4 원자는 다른 원자로 바뀌지 않는다.

40 화학 연구의 지도라고? 주기율표의 발명

그렇구나! 원소의 성질에 주목해서 나열한 표예요.
아직 발견되지 않은 원소를 찾는 단서가 되기도 했어요!

수헬리베붕탄질산⋯. 학교에서 **주기율표**를 배울 때 보통 이렇게 앞 글자만 따서 부를 텐데요. 이 표의 발견이 과학 발전에 얼마나 큰 영향을 끼쳤는지 모를 정도랍니다.

주기율표는 원소를 원자번호순으로 나열한 표입니다. 일반적인 표와 다른 형태에도 의미가 있는데, 다른 물질과 화학 반응을 잘 하는지 잘 하지 않는지와 같이 **화학적 성질이 비슷한 원소끼리 세로로 배치되어 있습니다**(그림 1).

주기율표의 원형을 만든 인물은 러시아의 화학자인 드미트리 멘델레예프입니다. 멘델레예프는 영국의 화학자 에드워드 프랭클랜드가 제창한 원자가 이론을 고려해서 원소를 질량순으로 나열했습니다. 원자가란 한 원자가 다른 원자 몇 개와 결합하는지를 나타내는, 이른바 '원자가 가진 팔의 개수'입니다. 가령 수소의 원자가는 1가, 탄소의 원자가는 4가입니다. **멘델레예프는 원소의 질량과 원자가를 기준 삼아 원소를 나열했습니다.**[※] 만약 조건에 해당하는 원소가 없다면 아직 발견되지 않은 원소가 존재하리라고 예측하고 빈칸으로 남겨두었습니다. 그의 예측은 적중했고, **빈칸에 해당하는 원소가 차례차례 발견되었습니다.**

주기율표가 발명되면서 그 전까지 발견되지 않았던 원소를 찾기 쉬워졌습니다. 게다가 화학적 성질이 비슷한 원소들의 관계를 통해 연구 방법을 정할 수 있게 되는 등 주기율표는 화학 연구의 지도 역할을 해왔습니다(그림 2).

※ 오늘날의 주기율표는 원소의 양자수를 기준으로 나열합니다.

새로운 원소를 발견하는 데 결정적인 역할을 한 주기율표

▶ 오늘날의 주기율표? (그림1)

멘델레예프의 주기율표와 규칙이 완전히 같지 않지만, 주기율표의 가로 행을 주기, 세로 열을 족이라고 합니다.

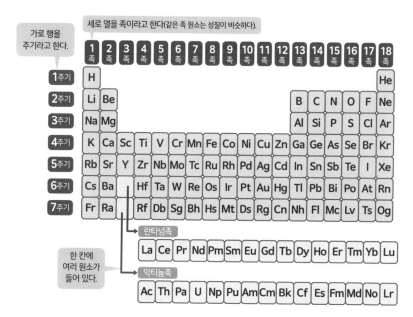

가로 행을 주기라고 한다.

세로 열을 족이라고 한다(같은 족 원소는 성질이 비슷하다).

한 칸에 여러 원소가 들어 있다.

▶ 주기율표가 중요한 이유 (그림2)

원소의 성질을 한눈에 파악할 수 있다

원소의 위치로 화학적 성질을 예측할 수 있습니다. 예를 들어 18족 원소인 희귀 가스는 다른 원소와 화학 반응을 잘 일으키지 않습니다.

신소재를 찾을 단서이다

리튬을 대체할 전지를 개발하는 연구자들이 리튬과 성질이 비슷한 1족의 다른 원소를 검토하는 등, 주기율표는 새로운 소재를 찾을 단서가 되기도 합니다.

빈칸에는 새로운 원소가 들어가지 않을까?

Q 돌턴이 고안한 원소 기호!
⊕은 어떤 원소를 가리킬까?

| 황 | or | 철 | or | 금 |

오늘날에는 알파벳으로 원소 기호를 표현하지만, 삼각형, 동그라미, 달 같은 기호로 표현하던 시대도 있었습니다. 원소 기호를 고안한 인물은 영국의 화학자 돌턴인데, ⊕은 어떤 원소를 가리킬까요?

현대 원소 기호는 원소명의 앞 글자에서 따와 붙었는데, 이렇게 표기하기까지 여러 모로 변화를 거쳤습니다.

고대 이집트에서는 금, 은, 구리, 수은, 철, 주석, 납을 기호로 표기했다고 합니다. 그리고 연금술사들이 활약했던 중세에는 **암호나 신비한 의미가 담긴 특수한 그림 기호**를 사용했습니다. 납을 금(귀금속)으로 바꾸는 연금술에 성공했을 때 그 비밀이

외부에 새어나가지 않도록 하기 위해서였지요.

18세기가 되어 원소의 성질이 밝혀지면서 **화학 반응을 문자로 나타낼 수 있어야 했습니다.** 이를 합리적으로 표기하기 위해 프랑스의 화학자 장 앙리 하센프라츠는 원소의 종류뿐만 아니라 분류까지 구별할 수 있는 간단한 도형에 알파벳 앞 글자를 더한 기호를 제안했습니다. 하지만 이 기호는 매번 쓰기 번거롭다는 단점이 있었습니다. 1805년, **돌턴은 이를 개선해서 하나의 원소를 나타내는 원 안에 원소의 종류를 구별하는 기호를 넣은, 획기적인 표기법**을 고안했습니다.

예를 들어 ⊕은 황을 나타내는 기호입니다. 하지만 인쇄할 때 추가 비용이 들어갔기 때문에 잘 받아들여지지 않았지요. 아무튼, 이번 문제의 정답은 '황'이랍니다.

이후 1813년 스웨덴의 화학자 옌스 야코브 베르셀리우스가 **라틴어 앞 글자로 간단하게 나타낸 기호**를 고안했습니다. 이 기호가 오늘날의 원소 기호의 바탕이 되었습니다. 현대에는 그리스어, 영어, 독일어 등의 앞 글자로 나타낸 원소 기호도 있습니다.

※ 당시 물은 원소로 취급되었습니다.

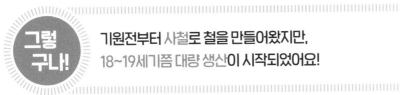

41 인류가 기원전부터 철을 사용했다고? 철 생산의 역사

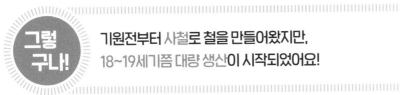

그렇 구나! 기원전부터 사철로 철을 만들어왔지만, 18~19세기쯤 대량 생산이 시작되었어요!

철은 현대 사회에 없어서는 안 될 금속이지요. 인류는 기원전에도 철을 사용했습니다. 당시에는 **철광석과 사철에서 철을 얻었는데**(직접 제철법), 일본에서 고대로부터 내려온 제철법인 다타라 제철은 산화철이 포함된 사철과 목탄에 공기를 주입하며 가열해서 철을 얻는 방법입니다. 목탄과 산소에서 발생한 일산화탄소가 산화철에서 산소를 빼앗으면서(환원) 철만 남게 되는 원리이지요(그림 1). 하지만 이 방법으로는 철을 대량으로 만들 수 없었습니다.

1709년, 영국의 에이브러햄 다비 부자는 목탄 대신 석탄을 가열해서 얻은 **코크스**(➡p.114)로 철을 만드는 데 성공했습니다. 철을 만드는 용광로를 크게 지을 수 있게 되고 증기 기관을 활용한 송풍기도 발명되면서 **대량 생산할 수 있게 되었습니다**(그림 2).

하지만 이렇게 만들어진 철은 탄소가 많이 들어 있고 단단한 반면 강도가 낮은 선철이었습니다. 이 선철을 **강철**로 바꾸는 방법이 바로 1856년 영국의 발명가 헨리 베서머가 발명한 **전로법**입니다. 녹은 선철에 공기를 주입해서 탄소 같은 불순물을 연소 제거하는 방법입니다. **간접 제철법**이라고도 하며 이로써 **선철에서 강철을 대량으로 만들 수 있게 되었습니다**.

오늘날에는 용광로와 전로를 조합한 **선강 일관 방식**으로 철을 만드는데, 환경에 주는 부담이 큰 탓에 전기로 철을 녹이는 전기로를 사용한 생산 방식도 확대되는 추세입니다.

강철의 탄생으로 넓어진 철의 용도

▶ 다타라 제철의 원리 (그림1)

산화철을 포함한 사철과 목탄에 공기를 주입하면서 가열하면 철을 얻을 수 있습니다.

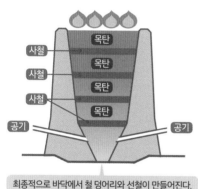

최종적으로 바닥에서 철 덩어리와 선철이 만들어진다.

1 $2C + O_2 \Rightarrow 2CO$

목탄과 산소에서 일산화탄소를 얻는다.

사철
2 $Fe_3O_4 + CO \Rightarrow 3\underline{FeO} + CO_2$

$\underline{FeO} + CO \Rightarrow Fe + CO_2$
철

일산화탄소가 사철(산화철)에서 산소를 빼앗으면서 철이 만들어진다. 다타라 제철에서 사용하는 목탄으로는 그렇게 높은 온도까지 올라가지 않으므로 철 덩어리 또는 선철이라는 강도가 낮은 철이 만들어진다.

▶ 코크스에서 철을 만드는 용광로의 원리 (그림2)

큰 용광로에서 코크스를 가열함으로써 철광석에서 철을 대량으로 만들 수 있게 되었습니다.

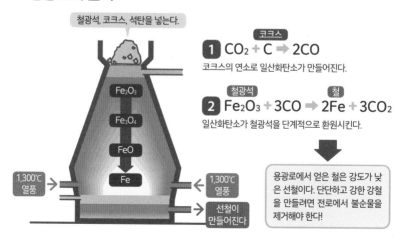

철광석, 코크스, 석탄을 넣는다.

코크스
1 $CO_2 + C \Rightarrow 2CO$

코크스의 연소로 일산화탄소가 만들어진다.

철광석   철
2 $Fe_2O_3 + 3CO \Rightarrow 2Fe + 3CO_2$

일산화탄소가 철광석을 단계적으로 환원시킨다.

용광로에서 얻은 철은 강도가 낮은 선철이다. 단단하고 강한 강철을 만들려면 전로에서 불순물을 제거해야 한다!

1,300℃ 열풍

선철이 만들어진다

42 불타는 돌, 석탄에서 에너지 혁명이 시작되었다고?

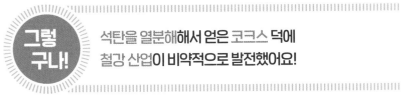

그렇 구나! 석탄을 열분해해서 얻은 코크스 덕에 철강 산업이 비약적으로 발전했어요!

'불타는 돌', 석탄은 오늘날에도 쓰이는 에너지원인데요. 나무와 목탄은 예로부터 연료와 난방으로 쓰여왔습니다. 하지만 제철, 소금 제조, 유리·벽돌 생산 등의 공업이 발달하면서 연료로 써야 할 목재가 터무니없이 부족해졌습니다. 이로써 **12~13세기부터 석탄 채굴이 본격적으로 시작되었습니다.**

1709년, 영국의 철강 산업자 에이브러햄 다비 1세가 **석탄에서 더 발열량이 높은 코크스를 추출하는 데 성공했습니다.** 석탄을 약 1,200℃에서 가열(건류)하면 콜타르와 석탄 가스 성분이 방출되면서 탄소 함유량 90%가 넘는 코크스라는 고체만 남습니다. **코크스로 철을 만드는 방법이 발명되면서 석탄 생산량이 비약적으로 늘었습니다**(그림 1).

그리고 1765년에는 영국의 발명가 제임스 와트가 증기 기관을 개량했습니다. 증기를 만드는 연료, 즉 증기기관차를 움직이는 연료로 석탄의 수요가 더욱 늘었고, 기계와 증기 기관으로 공장에서 다양한 공업품을 대량 생산할 수 있게 되었습니다. 이처럼 **석탄은 18세기 영국 산업혁명을 뒷받침한 물질**이라고 해도 무방합니다.

석탄은 땅에 묻힌 식물이 지하의 압력과 열을 받아 수소와 산소가 휘발되면서 탄소량이 증가한 물질로, 지하에서 채굴합니다(그림 2).

석탄의 구조와 분해

▶ 석탄을 가열하면 무엇이 나올까?
(그림1)

석탄은 분자가 매우 크며 탄소와 수소 외에도 산소, 질소, 황 등이 들어 있습니다. 공기를 차단한 상태에서 열분해하면 여러 유용한 물질을 얻을 수 있습니다.

석탄을 열분해하면…

콜타르
까맣고 끈적끈적한 기름 형태의 액체. 의약품과 향료의 원료이다.

5%

25%

70%

석탄 가스
석탄을 고온에서 건류했을 때 얻을 수 있는 기체. 수소와 메탄으로 이루어져 있다.

코크스
녹아서 엉겨 뭉친 덩어리. 질량의 90%가 탄소이다.

▶ 석탄은 어떻게 만들어질까? (그림2)

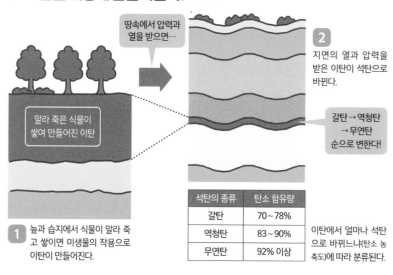

땅속에서 압력과 열을 받으면…

말라 죽은 식물이 쌓여 만들어진 이탄

2
지면의 열과 압력을 받은 이탄이 석탄으로 바뀐다.

갈탄→역청탄 → 무연탄 순으로 변한다!

1 늪과 습지에서 식물이 말라 죽고 쌓이면 미생물의 작용으로 이탄이 만들어진다.

석탄의 종류	탄소 함유량
갈탄	70~78%
역청탄	83~90%
무연탄	92% 이상

이탄에서 얼마나 석탄으로 바뀌느냐(탄소 농축도)에 따라 분류된다.

43 고무를 둘러싼 쟁탈전? 고무 가황법의 발명

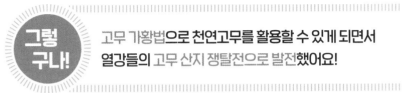

그렇구나! 고무 가황법으로 천연고무를 활용할 수 있게 되면서 열강들의 고무 산지 쟁탈전으로 발전했어요!

늘어나고 줄어드는 탄력성이 풍부한 고무. 지금은 우리 일상에서 흔히 볼 수 있지만, 옛날에는 세계 규모의 쟁탈전이 벌어졌을 만큼 중요했던 소재랍니다.

고무는 고무나무 수액(라텍스)으로 만드는데, 수액만으로는 보통 우리가 생각하는 고무를 만들 수 없습니다. 18세기 후반에는 수액을 굳힌 생고무(천연고무)를 사용했지만, 저온에서는 딱딱하고 잘 갈라지며 고온에서는 물렁물렁하고 끈적하게 달라붙었습니다. 그런 생고무를 활용하기 쉬운 탄성체로 발전시킨 인물은 미국의 화학자 찰스 굿이어입니다.

굿이어는 난로에 생고무와 황을 떨어뜨린 일을 계기로 1839년 생고무에 황을 섞는 **고무 가황법**을 발견했습니다. 고무 가황법 덕에 온습도와 상관없이 **탄력과 내구성이 뛰어난 탄성 고무를 만들 수 있게 되었습니다**(그림 1). 마침 산업혁명으로 교통이 발달한 시대였기에 열차의 흔들림을 흡수하기 위해 고무의 수요가 급격히 늘었습니다. 이는 고무나무 산지인 아프리카를 둘러싸고 열강들의 식민지 쟁탈전으로 이어졌습니다.

1887년에는 영국의 존 보이드 던롭이 탄성 고무로 **고무 타이어를 발명**했고, 이는 이륜차와 자동차에 들어가게 되었습니다. 찰스 굿이어의 동생 넬슨 굿이어는 황 함유량을 늘린 가황고무인 에보나이트를 발명했는데, 오늘날에도 만년필 축과 악기의 마우스피스에 쓰이는 소재입니다(그림 2).

고무의 탄력성은 황의 힘

▶ 고무 가황법 (그림 1)

생고무에 황을 섞으면 다리 구조가 만들어지면서 고무 분자끼리 결합합니다. 그로써 탄력성이 생기면서 지금 같은 고무 제품을 개발할 길이 열렸습니다.

미가황고무 생고무는 늘려서 형태가 변하면 원래 형태로 돌아가지 않습니다.

늘린다.

놓아도 원래대로 돌아가지 않는다.

가황고무 고무 분자에 가교점이 생기면서 형태가 변해도 원래대로 돌아옵니다.

늘린다.

가교점

놓으면 원래대로 돌아간다.

▶ 황 함유량에 따라 바뀌는 고무의 성질 (그림 2)

고무에 섞는 황의 양을 조절하면 고무의 성질이 바뀝니다.

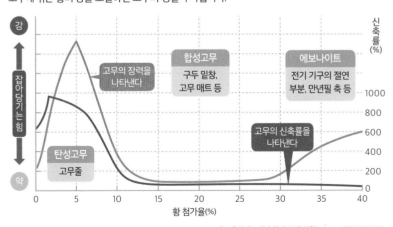

강

약

잡아당기는 힘

신축률(%)

고무의 장력을 나타낸다

합성고무
구두 밑창, 고무 매트 등

에보나이트
전기 기구의 절연 부분, 만년필 축 등

탄성고무
고무줄

고무의 신축률을 나타낸다

1000
800
600
400
200
0

0   5   10   15   20   25   30   35   40

황 첨가율(%)

그래프 출처: 『스퀘어 최신 도해 화학(スクエア最新図説化学)』

44 인류를 식량 부족에서 구원한 인공 질소 비료의 발명

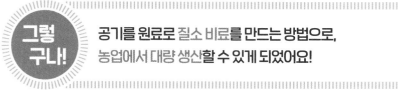

그렇 구나! 공기를 원료로 질소 비료를 만드는 방법으로, 농업에서 대량 생산할 수 있게 되었어요!

식물을 키우려면 질소(N)가 들어간 비료가 꼭 필요합니다(그림 1). 질소는 아미노산 및 단백질을 합성할 때 없어서는 안 될 원소로, 줄기와 잎의 성장에 크게 작용하기 때문입니다. 예로부터 인류는 칠레 초석[질산 소듐(NaNO₃)]이라는 천연 광석에 의존해서 질소 비료를 생산해왔습니다. 19세기부터 급증한 인구에 대응하려면 식량 생산량을 높여야, 즉 농업 생산이 발전해야 했습니다. 질소 비료를 인공으로 만들 수 있어야 했지요.

대부분의 식물들이 흡수할 수 있는 질소 화합물은 질산 이온(NO_3^-)과 암모늄 이온(NH_4^+)으로 만들어집니다. 다행히도 질소는 공기 중에 풍부하지요. 화학자들은 공기 중의 질소로 암모니아를 합성하는 방법을 개발하는 데 뛰어들었습니다.

수많은 어려움 끝에 독일의 화학자 프리츠 하버가 오스뮴(Os)을 촉매 삼아 고온(당시에는 1,000℃ 이상, 현대 공정으로는 500℃), 고압(200기압) 장치에서 암모니아를 합성하는 데 성공했습니다. 하버의 연구는 마찬가지로 독일의 화학자인 카를 보슈가 이어받았습니다. 보슈는 암모니아 합성에 필요한 촉매를 비싼 오스뮴에서 산화철로 바꿨습니다. 그리고 압축기와 펌프를 개량해서 암모니아 제조법을 확립했습니다. 이 제조법은 '하버 - 보슈법'으로 불리며 농업 생산량을 비약적으로 높였다는 평가를 받습니다(그림 2). 오늘날에도 질소 비료는 농업에 유용하게 쓰입니다.

질소 비료(화학 비료)의 합성법

▶ 어떤 비료가 농업에 필요할까? (그림1)

질소, 인산, 칼리는 농업에 없어서는 안 될 비료의 3대 요소입니다. 인산은 인과 산소의 화합물이며 칼리는 칼륨, 즉 포타슘과 산소의 화합물을 가리키는 속칭입니다.

질소
잎에 필요한 비료. 질소는 엽록소에 들어 있으며 잎과 줄기의 성장에 필요한 원소이다.

칼리
뿌리에 필요한 비료.
식물 세포의 수분을 조절하는 화합물로, 뿌리의 성장을 돕는다.

인산
열매와 꽃에 필요한 비료.
인은 핵산과 효소에 들어 있으며 꽃을 피우고 열매를 맺는다.

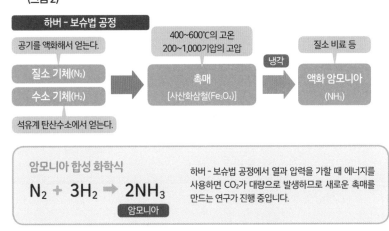

▶ 하버 – 보슈법 (그림 2)

철이 주성분인 촉매를 이용해서 수소와 질소를 400~600℃의 고온, 200~1,000기압의 고압에서 직접 반응시키는 방법입니다.

하버 – 보슈법 공정

공기를 액화해서 얻는다.

질소 기체(N_2)
수소 기체(H_2)

석유계 탄산수소에서 얻는다.

400~600℃의 고온
200~1,000기압의 고압

촉매
[사산화삼철(Fe_3O_4)]

냉각

질소 비료 등

액화 암모니아
(NH_3)

암모니아 합성 화학식

$$N_2 + 3H_2 \rightarrow 2NH_3$$

암모니아

하버 – 보슈법 공정에서 열과 압력을 가할 때 에너지를 사용하면 CO_2가 대량으로 발생하므로 새로운 촉매를 만드는 연구가 진행 중입니다.

45 흑색 화약과 다이너마이트! 폭발물의 역사

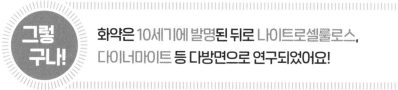

그렇 구나! 화약은 10세기에 발명된 뒤로 나이트로셀룰로스, 다이너마이트 등 다방면으로 연구되었어요!

화약은 10~11세기 중국에서 발명되었다고 해요. 초석(KNO_3), 황(S), 목탄(C)을 혼합해서 만들었으며 흑색 화약이라고 불렀습니다. 12세기에는 화약을 무기로 사용하기 시작했고, 13세기에는 유럽으로 전파되었습니다. 하지만 흑색 화약은 물에 약하고 연기가 많이 생긴다는 단점이 있었고, 광산에서 채굴할 때 쓰기에는 화력이 약했습니다.

1845년, 흑색 화약보다 폭발력이 세고 연기가 적은 **나이트로셀룰로스**가 발명되었습니다. 질산(HNO_3)과 황산(H_2SO_4) 혼합물을 면(셀룰로스)과 반응시켜서 만들었지요. 그리고 1847년에는 알코올의 일종인 글리세린을 질산 - 황산 혼합물과 반응시켜서 만든 **나이트로글리세린**이 발명되었습니다. 엄청난 폭발력을 지녔지만, 조금만 자극을 받아도 폭발했기 때문에 매우 위험한 물질이었습니다(그림).

이를 극복한 인물이 바로 스웨덴의 과학자 **알프레드 노벨**이었습니다. 나이트로글리세린을 규조토에 스며들게 해서 안정시킨 다음 기폭제로 폭발을 유도한다는 획기적인 방법으로 1871년에 **다이너마이트**를 발명했지요.

오늘날에는 흑색 화약 대신 나이트로셀룰로스, 나이트로글리세린을 사용한 무연 화약이 주류입니다. 광산에서도 다이너마이트 대신 질산 암모늄이 주성분인 함수폭약(액체 화약)을 사용합니다.

다양한 화약의 역사

▶ 주요 화약의 구성

흑색 화약

질산 포타슘
+
황
+
목탄

세 종류의 가루를
섞으면 흑색 화약!

질산 포타슘의 산소가
목탄(탄소)과 황에 결합
해서 연소한다. 열이 발
생하면서 급격히 팽창한
결과 폭발이 일어난다.

흑색 화약을 사용한 불꽃놀이.

나이트로셀룰로스

면(셀룰로스)
+
질산 - 황산 혼합물
↓
면에 산 혼합물을
적시면 나이트로셀룰로스!

나이트로셀룰로스는 주변에 산소가
없어도 발화점에 도달하면 거세게
타오른다.

총알이 나아가는 데 필요한 발사약의 성분은 나이트로셀룰로스.

나이트로글리세린과 다이너마이트

글리세린
(유지에 들어 있는 투명한 액체)
+
질산 - 황산 혼합물

규조토 + 나이트로글리세린

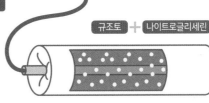

두 물질이 반응하면
나이트로글리세린!

액체 나이트로글리세린은 조금만 충격을 가해도 폭발한다. 노벨은 구멍이
무수히 많이 뚫려 있는 규조토에 나이트로글리세린을 스며들게 하면 충격
을 받아도 폭발하지 않는다는 사실을 발견해서 다이너마이트를 만들었다.

46 거품이 이는 게 끝이 아니다? 탄산 소다의 공적

그렇구나! 탄산 소다는 비누와 유리의 재료이며 산업혁명 당시 수요가 늘어난 화학 물질이에요!

탄산 소다라고 하면 거품이 보글보글 이는 탄산음료가 머릿속에 떠오를 텐데요. 사실 화학의 세계에서 탄산 소다는 음료수가 아니라 **비누와 유리의 원료**로 쓰이는 중요한 물질이랍니다.

탄산 소다는 탄산 소듐(Na₂CO₃)이라는 쓴맛 나는 가루입니다. 탄산 소듐은 청소할 때나 과자를 만들 때 쓰이는 탄산수소 소듐(NaHCO₃)이 열에 분해되어 만들어진 물질입니다. 탄산 소다는 비누와 유리의 원료로 쓰이며 산업혁명 때부터 수요가 비약적으로 늘었습니다(그림 1). 프랑스는 탄산 소다 수입을 스페인에 의존했지만, 18세기 초에 전쟁이 벌어지면서 공급이 끊어지고 말았습니다. 난처해진 프랑스는 탄산 소다 제조법에 상금을 내걸었지요. 그때 프랑스 왕가의 주치의였던 니콜라 르블랑이 **바닷물에서 탄산 소다를 만드는 르블랑 공정을 개발**하면서 탄산 소다 대량 생산의 길이 열렸습니다.

한동안은 탄산 소다를 만들 때 르블랑 공정이 쓰였지만, 제조 과정에서 환경에 주는 부담이 큰 탓에 지금은 **솔베이 공정 또는 전해법**(그림 2)을 사용하며 탄산 소다 함유량이 높은 **광상**에서 탄산 소다를 생산합니다.

참고로 소듐과 나트륨은 같은 물질이랍니다. 소듐은 영어, 나트륨은 독일어라는 차이가 있을 뿐이지요. 그리고 소다는 탄산 소듐이나 탄산수소 소듐 같은 소듐 화합물을 가리키는 말입니다.

중요한 원료, 탄산 소다

▶ 탄산 소다는 비누와 유리의 원료 (그림 1)

천연 탄산 소다는 말라버린 소금 호수 등에서 채굴되는 트로나(탄산수소 소듐 원석)라는 광물이 원료입니다. 옛날부터 지금까지 유리, 비누로 가공하면서 일상에서 쓰여왔습니다.

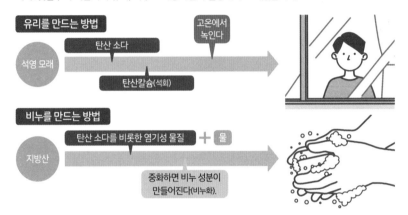

유리를 만드는 방법

석영 모래 → 탄산 소다 → 탄산칼슘(석회) → 고온에서 녹인다

비누를 만드는 방법

지방산 → 탄산 소다를 비롯한 염기성 물질 + 물 → 중화하면 비누 성분이 만들어진다(비누화).

▶ 르블랑 공정과 솔베이 공정 (그림 2)

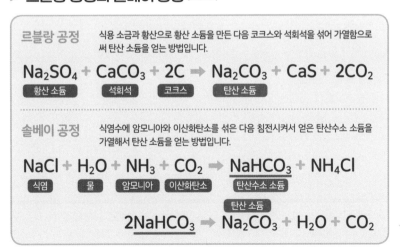

르블랑 공정 식용 소금과 황산으로 황산 소듐을 만든 다음 코크스와 석회석을 섞어 가열함으로써 탄산 소다를 얻는 방법입니다.

$$Na_2SO_4 + CaCO_3 + 2C \rightarrow Na_2CO_3 + CaS + 2CO_2$$

황산 소듐 　 석회석 　 코크스 　 탄산 소다

솔베이 공정 식염수에 암모니아와 이산화탄소를 섞은 다음 침전시켜서 얻은 탄산수소 소듐을 가열해서 탄산 소다를 얻는 방법입니다.

$$NaCl + H_2O + NH_3 + CO_2 \rightarrow \underline{NaHCO_3} + NH_4Cl$$

식염 　 물 　 암모니아 　 이산화탄소 　 탄산수소 소듐

탄산 소다

$$2\underline{NaHCO_3} \rightarrow Na_2CO_3 + H_2O + CO_2$$

47 인류는 왜 약초를 약으로 만들었을까?

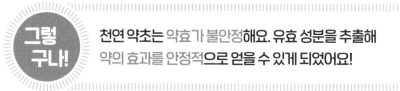

그렇구나! 천연 약초는 약효가 불안정해요. 유효 성분을 추출해 약의 효과를 안정적으로 얻을 수 있게 되었어요!

예로부터 사람은 상처와 질병을 치료하기 위해 약초를 찾아내서 사용했습니다. 그리고 마침내 약초에서 추출한 성분을 토대로 수많은 약을 만들어내는 경지에 이르렀습니다.

1805년 독일의 약사 프리드리히 제르튀르너는 아편의 유효 성분인 모르핀을 추출하는 데 성공했습니다. 역사상 최초로 약초에서 유효 성분을 추출한 사례라고 합니다.

왜 약초 그대로 사용하지 않고 유효 성분을 추출하게 되었을까요? 아편은 양귀비 열매의 즙을 건조해서 만드는데, 천연물 그대로라면 산지가 어디냐에 따라 혹은 그해의 발육 정도에 따라 유효 성분의 함유량이 달라 약효가 일정하지 않기 때문입니다. 그래서 유효 성분만 추출한 다음 약효가 나타나기까지 필요한 양을 파악해서 투여하게 된 것이랍니다.

그 밖에도 기나나무에서 추출한 말라리아의 치료제 퀴닌, 마황에서 추출한 기침약 에페드린, 디기탈리스에서 추출한 심장약 디기톡신 등이 있습니다(그림 1).

화학의 힘으로 약은 점차 개량되었습니다. 내버들 나무껍질에서 추출한 진통제 살리실산에는 위통을 일으키는 부작용이 있었는데요. 이 부작용을 억제하기 위해 아세틸살리실산을 합성했는데, 이는 바로 1899년부터 판매된 진통제 아스피린의 주성분입니다(그림 2).

약으로 쓰이는 약초의 유효 성분

▶ 식물에서 유래한 대표적인 약 (그림 1)

예로부터 사람들은 식물에서 추출한 유효 성분을 원료로 약을 만들었습니다.

모르핀

아편(양귀비 열매)으로 만든 진통제로, 의존성이 크며 한국에서 마약으로 지정된 약물이다. 적절히 복용하면 의존성 없이 강한 진정 효과를 기대할 수 있다.

퀴닌

기나나무에서 추출한 말라리아 치료제이다. 말라리아 원충의 증식을 막고 원충을 죽인다. 옛날부터 말라리아의 특효약으로 중요하게 여겨졌다.

디기톡신

독초이지만 약초로도 쓰여온 디기탈리스로 만든 약이다. 심장의 수축력을 높이며 심부전 치료제로도 쓰인다.

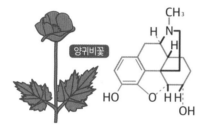

양귀비꽃

▶ 아스피린의 합성 (그림 2)

1897년 독일의 화학자 펠릭스 호프만은 살리실산과 아세트산 무수물을 반응시켜서 아세틸살리실산을 합성했습니다. 아세틸살리실산은 살리실산의 부작용인 위통을 줄이는 약입니다.

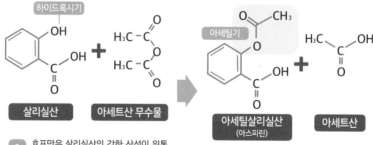

하이드록시기

살리실산

아세트산 무수물

아세틸기

아세틸살리실산 (아스피린)

아세트산

1 호프만은 살리실산의 강한 산성이 위통을 일으킨다고 생각했고, 산성을 억제하기 위해 하이드록시기를 치환했다.

2 하이드록시기를 아세틸기로 치환하면 부작용이 적은 아세틸살리실산이 합성된다.

세계적으로 약이 발전한 계기가 퀴닌 합성이라고?

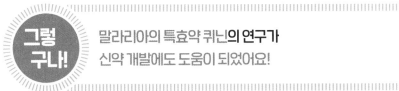

말라리아의 특효약 퀴닌의 연구가
신약 개발에도 도움이 되었어요!

말라리아는 인류의 3대 감염병 중 하나로, 전 세계 인구의 절반을 위협할 정도로 무시무시한 질병이었습니다. 말라리아의 특효약은 퀴닌($C_{20}H_{24}N_2O_2$)이라는 물질인데요. 기나나무 껍질에 들어 있는 성분입니다. 영국인들은 식민지에서 말라리아에 걸리지 않기 위해 쌉쌀한 퀴닌을 마셨는데, 목으로 잘 넘기기 위해 설탕과 탄산을 넣은 **토닉 워터**를 만들었다고 합니다. 토닉 워터는 오늘날에도 강장 효과가 있는 음료수로 사랑받고 있지요.

사람들은 이 말라리아의 특효약을 안정적으로 얻기 위해 유효 성분만 추출할 수는 없을까, 인공적으로 퀴닌을 합성할 수는 없을까 생각하며 노력을 거듭했습니다. 1820년에 프랑스의 약리학자 피에르 조제프 펠레티에가 결정을 추출하는 데 성공했고, **1908년에는 퀴닌 성분의 구조가 밝혀졌습니다**. 당시 수준으로는 지나치게 복잡한 구조였지만, 1944년에 미국의 화학자 로버트 우드워드가 마침내 인공적으로 퀴닌을 합성했습니다(그림). 하지만 합성하기까지의 과정이 번거로운 탓에 우드워드가 개발한 방법으로는 퀴닌을 합성해서 공급하지 못했습니다.

하지만 그와 같은 노력이 있었기에 **생약에서 유효 성분을 추출해서 신약을 개발하는 과정이 발전할 수 있었습니다**. 오늘날에도 과학자들은 퀴닌을 효율적으로 합성하는 방법을 찾고 퀴닌 분자 골격을 토대로 새로운 의약품을 연구하고 있습니다.

▶ 기나나무에 들어 있는 퀴닌

남아메리카 사람들은 옛날부터 기나나무 껍질이 말라리아에 약효가 있다는 사실을 경험적으로 알고 있었습니다. 기나나무의 주성분인 퀴닌은 19세기가 되어 추출할 수 있게 되었고, 오늘날에는 인공적으로 합성(전합성)하기에 이르렀습니다.

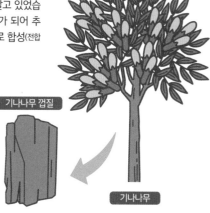

기나나무 껍질

기나나무

퀴닌의 역사

1 1630년, 예수회 선교사가 기나나무 껍질이 말라리아에 유효하다는 사실을 알고 치료에 활용했다. 나무껍질을 가루로 만들어 유럽에 전파했다.

오늘날에도 퀴닌이 들어 있는 토닉 워터가 시중에 판매되고 있다.

2 사람들은 말라리아를 예방하기 위해 기나나무 껍질을 먹었다. 나무껍질 가루의 쓴맛을 지우기 위해 설탕과 탄산수에 섞어 마셨는데, 오늘날에도 마시는 토닉 워터의 원형이다.

3 1820년, 프랑스의 피에르 조제프 펠레티에와 조제프 카방투가 기나나무 껍질에서 유효 성분을 추출하는 데 성공했고, 이 성분에 퀴닌이라는 이름을 붙였다.

로버트 우드워드는 20세기 최고의 유기화학자로 불린다.

4 1908년, 독일의 화학자 파울 라베가 퀴닌의 구조를 밝혀냈다. 이 구조를 참고해서 1934년에 항말라리아제 클로로퀸을 합성하는 데도 성공했다.

5 1944년에 미국의 화학자 로버트 우드워드가 퀴닌의 인공 합성법을 개발함으로써 전합성에 성공했다.

※ 자연계에 존재하는 천연물 분자를 만드는 완전한 화학 합성 과정. 단순한 시작 물질에서 복잡한 유기 화합물을 만들기까지 수십 단계의 합성을 거친다. - 옮긴이

49 의료에 없어서는 안 될 과정? 소독의 발견과 발전

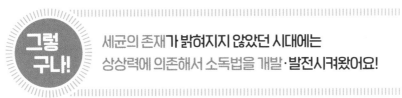

그렇 구나! 세균의 존재가 밝혀지지 않았던 시대에는
상상력에 의존해서 소독법을 개발·발전시켜왔어요!

소독은 의료에 꼭 필요한 행위이지요. 소독이라는 개념을 처음 고안해서 지금처럼 소독하는 게 당연해지기까지 인류는 어떤 과정을 거쳤을까요?

1774년, 스웨덴의 화학자 칼 셸레가 염소(Cl_2)를 발견했고, 염소를 소석회[수산화칼슘, $Ca(OH)_2$]에 흡수시킨 **염화석회(차아염소산 칼슘)가 소독약의 시초**라고 합니다(그림 1). 1820년부터 염화석회로 상처를 소독하고 음료수를 살균했습니다. 감염병의 원인이 미생물인 줄 몰랐던 시대였지만, 경험적으로 소독법을 발견한 셈이지요.

헝가리의 의사 이그나츠 제멜바이스는 병원에서 임신부가 출산 후 고열(산욕열)을 앓는 원인을 의사가 사체를 해부한 뒤 손을 씻지 않고 환자를 진찰했기 때문이라고 생각했고, **의료 관계자들에게 반드시 염화석회로 손을 소독하라고 지시했습니다.** 그 결과 산욕열로 사망하는 환자가 급격히 줄었습니다.

그리고 당시에는 외과 수술이 끝나고 수술 부위가 부패해서 패혈증으로 사망하는 환자도 많았습니다. 영국의 의사 조지프 리스터는 수술 부위가 부패하는 원인이 미생물이라고 생각했고, **석탄산**(페놀, C_6H_5OH)으로 소독했습니다. 하수도의 냄새를 없앨 때 사용하던 석탄산에 소독 작용이 있으리라는 리스터의 예상이 맞아떨어졌고, 수술로 인한 사망률 역시 급격히 줄었습니다. 이 방법은 **무균 외과 수술의 기초**를 마련했다는 평가를 받았습니다(그림 2).

소독의 시초는 염소

▶ 염화석회 (그림 1)

차아염소산 칼슘이라고도 합니다. 소석회(수산화칼슘)에 염소 기체를 흡수시켜서 만듭니다. 소독에 쓰이기 전에는 하수도의 냄새를 없애려고 사용했습니다.

염화석회의 화학 반응식

$$Cl_2 + Ca(OH)_2 \rightarrow CaCl(ClO) \cdot H_2O$$

| 염소 | 소석회 (수산화칼슘) | 염화석회 (차아염소산 칼슘) |

염화석회의 속칭인 '칼키'는 독일어 명칭 클로로칼크(Chlorkalk)에서 유래했습니다.

오늘날에는 취급하기 쉬운 차아염소산 소듐을 사용합니다.

차아염소산 소듐

차아염소산 소듐에 들어 있는 차아염소산(HClO)이 세균의 세포막과 세포 조직과 효소를 파괴해서 살균합니다.

수영장을 소독할 때 사용하는 염소계 표백제의 성분 역시 차아염소산 칼슘과 차아염소산 소듐입니다.

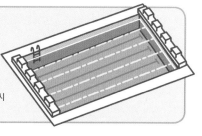

▶ 리스터의 무균 수술 (그림 2)

수술 부위가 부패하면서 고름이 생긴다고 생각한 조지프 리스터는 복합 골절을 치료할 때 석탄산을 사용했습니다. 그리고 분무기로 석탄산을 뿌리는 등 무균 외과 수술 연구도 발전시켰습니다.

연구가 발전하면서 알코올의 일종인 에탄올에 소독 효과가 있다는 사실이 발견되었고, 오늘날에는 알코올 기반 손 소독제를 사용한다.

50 세균만 죽인다고? 화학 요법의 발견 ①

사람에게 피해를 주지 않고 세균만 죽이는 **'마법의 총알'은 화학의 힘으로 발견되었어요!**

화학적으로 합성한 약품으로 병원균을 살균해서 증식하지 못하게 억제하는 방법을 **화학 요법**이라고 합니다. 화학 요법의 창시자는 독일의 세균학자 파울 에를리히입니다. 에를리히는 박테리아를 염색하는 기술을 연구하던 중 색소에 염색되는 박테리아와 그렇지 않은 박테리아가 있다는 사실을 깨달았습니다. **'세균만 죽이는 색소(약)가 있다면…'**이라고 생각한 에를리히는 사람에게 피해를 주지 않고 세균만 죽이는 약을 **'마법의 총알'**로 부르며 이에 해당하는 화학 물질을 찾기 시작했습니다.

에를리히는 말라리아 원충에 메틸렌 블루라는 색소가 작용하는 결과를 발견했습니다. 그리고 그의 동료 하타 사하치로와 함께 매독의 원인균인 나선상균(스피로헤타)을 죽이는 화학 물질을 찾기 위해 여러 유기 비소 화합물로 실험했습니다. 그리고 1910년, 606번째 화학 물질인 **살바르산**이 매독의 치료제임이 밝혀졌습니다(그림 1).

에를리히의 도전은 독일의 생명과학 기업 바이엘이 이어받았습니다. 1932년, 바이엘사는 **프론토실**이라는 색소가 감염병을 일으키는 연쇄상구균에 효과가 있다는 사실을 발견했습니다. 이후 생체 내에서 프론토실이 분해되어 만들어지는 **설파닐아마이드**라는 화학 물질이 항균 작용을 한다는 사실이 밝혀지면서 제약회사들이 이를 **설파제**로 만들어 팔기 시작했습니다. 설파제는 제2차 세계 대전에서 병사들의 감염을 예방하는 데 공을 세웠습니다(그림 2).

세균만 죽이는 염료

▶ 매독의 치료제 살바르산 (그림1)

매독의 병원균인 나선상균(스피로헤타)만 죽이는 마법의 총알을 찾던 에를리히와 하타는 다양한 유기 비소 화합물을 합성했습니다. 그리고 606번째 화합물이 치료 효과가 크고 인체에 미치는 독성이 약하다는 사실을 발견했습니다.

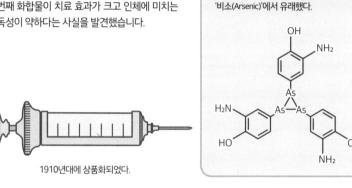

살바르산의 구조식

살바르산이라는 이름은 '구원(Salvation)'과 '비소(Arsenic)'에서 유래했다.

1910년대에 상품화되었다.

▶ 설파제 (그림2)

항균제를 연구하던 중 설파닐아마이드라는 염료의 원료에 약효가 있다는 사실이 밝혀졌습니다.

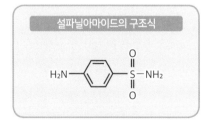

설파닐아마이드의 구조식

제2차 세계 대전 당시 위생병은 다친 병사의 상처에 설파제를 뿌려 감염을 예방했다.

51 곰팡이를 항생 물질로 쓴다? 화학 요법의 발견 ②

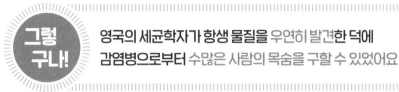

그렇 구나! 영국의 세균학자가 항생 물질을 우연히 발견한 덕에 감염병으로부터 수많은 사람의 목숨을 구할 수 있었어요!

화학 요법에 변혁을 일으킨 주인공은 바로 **항생 물질**입니다. 항생 물질이 등장하면서 살바르산과 설파제(➡p.130)는 거의 쓰이지 않게 되었습니다.

항생 물질은 **영국의 세균학자 알렉산더 플레밍이 우연히 발견했습니다.** 인플루엔자를 연구하던 플레밍은, 황색 포도상구균을 배양하던 접시가 푸른곰팡이에 오염되었는데 푸른곰팡이 주변에만 황색 포도상구균이 증식하지 않았다는 사실을 깨달았습니다.

플레밍은 1929년 푸른곰팡이가 항생 물질을 만들어낸다는 사실을 밝혀냈고, 세균에 유효한 성분을 추출했습니다. **페니실린**은 이렇게 탄생했습니다. 제2차 세계 대전에서 상처를 입은 병사들이 속출했는데, 페니실린을 양산한 덕에 감염병으로부터 수많은 병사의 목숨을 구할 수 있었답니다(그림 1).

이후 페니실린의 분자 구조가 화학적으로 밝혀졌고, 화학의 힘으로 구조가 일부 변형된 반합성 페니실린은 각종 세균성 감염병에 엄청난 효과를 발휘했습니다. 땅속의 방선균부터 결핵균에까지 잘 듣는 항생 물질 **스트렙토마이신**처럼 푸른곰팡이에서 유래하지 않은 항생 물질들도 차례차례 개발되었습니다(그림 2).

한편 항생 물질이 듣지 않는 **내성균**도 등장했는데요. 새로운 항생 물질이 탄생하면 그 항생 물질에 견디는 내성균이 나타나는 현상은 지금도 이어지고 있습니다.

▶ 페니실린 (그림1)

알렉산더 플레밍은 배양 접시에 우연히 들어온 푸른곰팡이가 황색 포도상구균의 증식을 억제하는 현상을 발견했습니다. 푸른곰팡이 배양액에 항균 성분이 있다는 사실을 발견한 플레밍은 푸른곰팡이의 학명인 Penicillium notatum에서 따와 항생 물질에 페니실린이라는 이름을 붙였습니다.

플레밍은 실험실을 정리하지 않고 휴가를 갔다 와서 페니실린을 발견했다.

생체에서 추출한 페니실린의 구조식

1940년 영국의 과학자 언스트 체인과 하워드 플로리는 세균성 감염병에 대한 페니실린의 치료 효과를 확인했다. 이후 천연 페니실린의 분자 구조가 밝혀졌으며 오늘날에는 화학 합성한 페니실린을 쓴다.

▶ 다양한 항생 물질 (그림 2)

오늘날에는 수많은 항생 물질이 개발되어 쓰이고 있습니다. 항생 물질은 크게 진균성과 살균성으로 나뉩니다.

진균성 항생 물질

세균의 발육 및 증식을 저지한다. 마크롤라이드 계열 항생제와 설파제가 이에 해당한다.

살균성 항생 물질

세균을 직접 사멸시키는 항생 물질이다. 페니실린, 스트렙토마이신 등이 있다.

스트렙토마이신의 구조식

세균의 단백질 합성을 억제한다. 결핵 및 페스트에 유효한 항생 물질이다.

52 최초의 사진은 아스팔트에서 현상되었다고?

그렇구나! 프랑스의 화학자 조제프 니세포르 니엡스가 최초의 카메라 헬리오그래프를 발명했어요!

카메라의 원형은 자그마한 구멍으로 어두운 방에 들어온 빛이 벽에 바깥 풍경을 비추는 현상입니다. 이는 **카메라 옵스큐라**(어두운 방)라고 하며 예로부터 알려진 것입니다.

카메라 옵스큐라로 비친 풍경을 사진에 정착시키는 장치를 최초로 만든 인물은 프랑스의 화학자 조제프 니세포르 니엡스입니다. 니엡스는 **아스팔트**(원유에 들어 있는 탄화수소)가 빛에 닿으면 굳는 성질을 이용해서 굳지 않은 부분을 씻어내고 원판을 만들었습니다. 빛에 닿지 않은 부분에는 구멍이 생기고, 그 구멍으로 잉크를 흘려 넣으면 판화(에칭)처럼 종이에 상을 그릴 수 있습니다. 이 기법을 헬리오그래피, 장치를 **헬리오그래프**라고 합니다(그림 1).

프랑스의 사진가 루이 다게르는 니엡스와의 공동 연구로 **다게레오타이프 카메라**를 발명했습니다. **아이오딘화은**(AgI) 같은 할로젠화은이 빛에 닿으면 분해되어 **은 미립자를 만들면서 까맣게 되는 성질**을 이용한 카메라인데요. 할로젠화은을 가만히 두면 완전히 까매지므로 상을 보존할 방법이 필요했습니다. 이로써 은을 도금한 구리판을 감광 재료(빛에 반응해서 기록하는 재료)로 사용해서, 촬영 후 수은 증기에 노출함으로써 빛에 닿은 부분에 은과 수은의 합금을 형성하는 방법이 개발되었습니다. 남은 할로젠화은을 제거하면 예쁜 사진이 완성되지요(그림 2).

▶ 헬리오그래프의 구조 (그림1)

니엡스가 발명한 헬리오그래프는 아스팔트에 빛을 비추어 반응시키는 원리를 이용한 장치입니다. 촬영할 때 흔들림이 있어서는 안 되는 데다 6시간이나 걸렸다고 합니다.

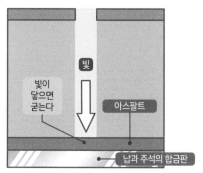

1 감광 아스팔트는 구멍으로 들어오는 빛이 닿은 부분만 굳는다.

2 굳지 않은 부분을 기름으로 씻어낸다.

3 판화와 마찬가지로 잉크를 채워 인쇄의 원판으로 이용한다.

▶ 다게레오타이프의 구조 (그림2)

1 은을 도금한 구리판을 아이오딘 증기에 노출해서 아이오딘화은 막을 만든다.

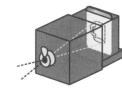

2 은판을 카메라에 넣고 빛을 비추어 감광한다(촬영).

3 촬영한 은판을 수은 증기에 노출한다. 빛과 반응해서 들뜬 상태가 된 은 이온과 수은이 반응해서 상이 떠오른다(현상).

4 현상한 판에 식염수를 부어 빛과 반응하지 않은 아이오딘화은을 제거하고 상을 정착시킨다.

53 필름에서 디지털로! 카메라의 발전 과정

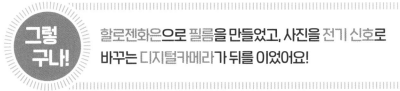

그렇 구나!

할로젠화은으로 필름을 만들었고, 사진을 전기 신호로 바꾸는 디지털카메라가 뒤를 이었어요!

다게레오타이프 카메라는 한 번 촬영할 때 사진을 한 장밖에 찍을 수 없었습니다. 1840년, 영국의 사진가 윌리엄 폭스 탤벗은 다게레오타이프의 단점을 극복하여 종이(프린트)에 현상하는 캘러타이프와 필름 카메라를 발명했습니다.

식염수에 적신 종이에 질산은($AgNO_3$)을 바르면 염화은($AgCl$)이 합성되는데요. 염화은은 빛에 민감하기 때문에 빛을 받으면 까만 은으로 환원됩니다. 이 성질을 이용해서 밝은 부분은 까맣게, 어두운 부분은 하얗게 찍히는 네거티브 필름이 만들어졌습니다(그림 1).

이 네거티브 필름에 빛을 투과하면 사진을 몇 장이든 찍을 수 있었습니다. 이후 필름 카메라는 발전을 거듭하면서 할로젠화은[염화은($AgCl$), 브로민화은($AgBr$), 아이오딘화은(AgI) 등]을 이용한 컬러 네거티브 필름이 등장했습니다. 할로젠화은으로 상을 만들고(현상), 빛에 반응하지 않은 할로젠화은을 녹이는 약품[싸이오황산 소듐($Na_2S_2O_3$)]으로 상을 정착시키는 원리였지요.

오늘날의 주류는 디지털카메라입니다. 이미지를 전기 신호로 변환해서 기록하는 카메라로, CCD라는 반도체 센서로 빛을 전기 신호로 바꿉니다. 빛이 들어오면 전하가 발생하는 수광 소자가 모여 필름 역할을 합니다(그림 2).

상을 만드는 할로젠화은

▶ 필름 카메라의 원리 (그림 1)

필름 카메라로 찍은 사진은 감광, 현상, 정착이라는
단계를 거쳐 종이에 상을 기록합니다.

1 감광

필름에 바른 할로젠화은에 빛이
닿으면 화학 변화를 일으켜 내부
에 은 원자의 집합체(잠상핵)가 만
들어지면서 눈에 보이지 않는 잠
상을 만든다.

2 현상

상이 눈에 보이도록 환원제가 포
함된 현상액에 필름을 담근다. 잠
상핵이 있는 할로젠화은은 은 원
자로 환원되고, 잠상핵이 없는 할
로젠화은은 그대로 남는다.

3 정착

현상한 다음 정착액에 담
가 할로젠화은을 녹인다.
결과적으로 까만 은 입자
가 남아 상이 나타난다.

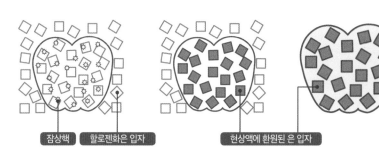

잠상핵 할로젠화은 입자   현상액에 환원된 은 입자

▶ 디지털카메라의 원리 (그림 2)

디지털카메라로 사진을 찍으면 수광 소자가 빛을 전기
신호로 바꾸어 데이터의 형태로 저장합니다.

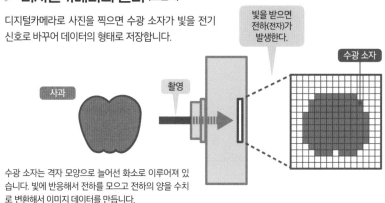

빛을 받으면
전하(전자)가
발생한다.

수광 소자

사과   촬영

수광 소자는 격자 모양으로 늘어선 화소로 이루어져 있
습니다. 빛에 반응해서 전하를 모으고 전하의 양을 수치
로 변환해서 이미지 데이터를 만듭니다.

54 우연한 계기로 발견한 합성염료

그렇구나! 말라리아 치료제를 연구하던 도중 **우연히 만들어진 모브라는 물질**에서 **합성염료의 역사**가 시작되었어요!

우리는 좋아하는 색의 옷을 아무 때나 마음대로 살 수 있지요. 지금은 형형색색의 합성염료를 싼값에 얻을 수 있는 시대니까요. 하지만 그렇게 되기까지는 정말 많은 고생과 노력이 있었습니다.

옛날에는 염료를 천연물에서 추출했습니다. 가령 뿔고둥의 분비액으로 만드는 티리언 퍼플이라는 염료는 천을 예쁜 보라색으로 물들이는데요. **옷 한 벌을 물들이는 데 뿔고둥이 수천~1만 마리 이상 필요했기에** 터무니없이 비쌌다고 합니다. 왕과 귀족만 쓸 수 있었기에 **로열 퍼플**(황제의 보라색)이라고도 불렸답니다(그림 1).

합성염료는 사실 염료와 상관없는 데서 시작되었습니다. 1856년 영국의 화학자 윌리엄 퍼킨은 말라리아의 특효약인 퀴닌(➡p.126)을 합성하는 연구를 하고 있었습니다. 실험하던 중 우연히 생긴 까만 침전물을 알코올에 녹였더니 예쁜 보라색이 만들어지는 게 아니겠어요? 퍼킨은 아욱꽃을 뜻하는 프랑스어에서 따와 이 색에 '모브'라는 이름을 붙였습니다. **영국 빅토리아 여왕도 모브 염료를 입힌 옷을 입는 등** 당시 세간의 화제가 될 정도였답니다.

이후 염색 대상과 색에 따라 다양한 합성염료가 개발되었습니다. 합성염료는 합성 섬유 염색에 적합하다는 특성 덕에 지금은 천연염료보다 자주 쓰입니다(그림 2).

합성염료의 세상을 넓힌 모브

▶ 왕에게 사랑받은 조개의 보라색 (그림 1)

고대 로마의 카이사르와 네로를 필두로 한 황제들도 마음에
들어 했으며, 일반인의 착용을 금지해서 왕족들만의 색으로
삼았다고 합니다.

동로마 황제 유스티니아누스
1세를 비롯하여 왕족과 귀족
이 티리언 퍼플로 염색한 옷을
몸에 걸쳤다.

뿔고둥

뿔고둥에는 6, 6'- 디브로
모인디고라는 색소 성분이
들어 있다. 오늘날에는 화
학 합성도 할 수 있다.

▶ 대표적인 합성염료 (그림 2)

모브의 구조식

$C_{26}H_{23}N_4{}^+$

1856년 영국의 화학자 퍼킨
이 우연히 합성에 성공했다.
세계 최초의 합성염료이지만,
빛바래기 쉽고 오래 사용할 수
없다는 단점이 있다.

알리자린의 구조식

$C_{14}H_8O_4$

꼭두서니에서 추출하는 빨간
색 염료. 1869년 콜타르에서
합성할 수 있게 되면서 빨간색
물감을 만드는 데 쓰였다.

55 레이온과 나일론의 발명이 옷을 바꿨다고?

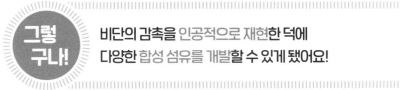

그렇구나! 비단의 감촉을 인공적으로 재현한 덕에
다양한 합성 섬유를 개발할 수 있게 됐어요!

우리는 면, 마, 견 등 다양한 천연 섬유로 옷을 만들어 입지요. 그중에서도 견, 즉 비단은 섬유가 가늘고 부드러워서 예로부터 귀중한 옷감이었습니다. 화학자들은 **비단에 뒤처지지 않는 인공 섬유를 합성**하고자 했습니다.

면(셀룰로스)은 목화에서 실을 뽑아 만드는데, 실을 자아내지 못할 만큼 짧은 셀룰로스까지 섬유로 이용할 수 없을까 연구한 끝에 나이트로셀룰로스가 발견되었습니다(➡p.120). 프랑스의 과학자 일레르 드 샤르도네는 **나이트로셀룰로스로 인조 비단을 만드는 기술**을 개발했습니다. 하지만 나이트로셀룰로스는 매우 불에 타기 쉬운 소재였기에 셀룰로스를 녹여 섬유로 재생한 **재생 섬유**(비스코스 레이온, 구리 암모늄 레이온 등)와 셀룰로스를 화학적으로 처리한 **아세테이트 섬유**가 개발되었습니다.

미국의 종합 화학 회사 듀폰은 화학 기초 연구에 힘을 쏟기 위해 하버드대학의 화학자 윌리스 캐러더스를 초빙했습니다. 캐러더스는 분자를 긴 사슬로 연결한 고분자를 합성하는 연구로 **구조와 성질이 비단에 가까운 나일론을 합성**하는 데 성공했습니다(그림 1). 이로써 '**석탄과 물과 공기로 만든 섬유**'라는 홍보와 함께 나일론으로 만든 스타킹이 공장에서 양산되기 시작했습니다. 당시 천연 비단 산업은 엄청난 타격을 받았다고 합니다.

그 뒤로도 합성 섬유는 차례차례 등장했고, 현재 폴리에스터, 나일론, 아크릴 섬유가 3대 합성 섬유로 불립니다(그림 2).

여러 가지 합성 섬유

▶ 나일론 (그림1)

월리스 캐러더스가 합성한 물질은 아디프산과 헥사메틸렌다이아민으로 만든 나일론 6, 6입니다. 이후에도 다양한 성능의 나일론이 개발되었습니다.

$$n \quad \underset{HO}{\overset{O}{\overset{\|}{C}}}-(CH_2)_4-\underset{OH}{\overset{O}{\overset{\|}{C}}}$$

아디프산
$C_6H_{10}O_4$

$$n \quad \underset{H}{\overset{H}{N}}-(CH_2)_6-\underset{H}{\overset{H}{N}}$$

헥사메틸렌다이아민
$C_6H_{16}N_2$

축합 중합

$$\left[-\underset{O}{\overset{\|}{C}}-(CH_2)_4-\underset{O}{\overset{\|}{C}}-\overset{H}{\overset{|}{N}}-(CH_2)_6-\overset{H}{\overset{|}{N}}- \right] + 2nH_2O$$

나일론 6, 6

나일론은 '올이 나가지 않는 스타킹'이라는 뜻을 담아 'no - run'에서 유래한 이름이라고 합니다.

▶ 3대 합성 섬유 (그림 2)

폴리에스터

튼튼하고 주름이 잘 지지 않지만, 흡수성이 낮다.

● 정장
● 와이셔츠
● 커튼

나일론

비단과 비슷한 광택을 띠면서도 질기다. 흡습성은 낮다.

● 스타킹
● 바람막이

아크릴 섬유

양모처럼 부드럽고 따뜻하며 세탁해도 줄어들지 않는다.

● 스웨터, 양말
● 이불

56 우리 주변의 플라스틱은 어떻게 만들어질까?

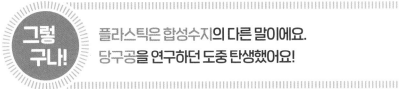

그렇 구나! 플라스틱은 합성수지의 다른 말이에요.
당구공을 연구하던 도중 탄생했어요!

조금만 눈을 돌리면 어디서든 플라스틱을 볼 수 있지요. 이제는 플라스틱이 없는 생활을 상상조차 할 수 없을 정도로요. 플라스틱은 간단히 만들 수 있는 고분자 합성수지랍니다. 석유가 주원료인데, 옻이나 호박 같은 천연수지와 성질이 비슷한 화학 합성품을 **합성수지**라고 합니다.

합성수지의 역사는 당구공을 만드는 재료인 상아를 대체할 물질로 **셀룰로이드**를 실용화하는 연구에서 시작되었다고 합니다. 1868년, 미국의 인쇄업자 존 웨슬리 하얏트가 나이트로셀룰로스(➡p.120)를 녹나무에서 추출한 장뇌($C_{10}H_{16}O$)와 섞어서 만들었습니다. 셀룰로이드는 형태를 조성하기 쉬워 식기 손잡이부터 인형까지 다양한 물건의 재료로 쓰입니다(그림 1).

미국의 화학자 리오 베이클랜드는 깍지벌레에서 추출한 셸락이라는 수지의 대체재를 찾고 있었습니다. 그중에서 페놀(➡p.128)과 폼알데하이드를 반응시켜서 까맣고 불투명한 **페놀 수지**(베이클라이트)를 합성하는 데 성공했습니다(1907년). 절연성이 높아 당시 전화와 자동차에 쓰였다고 합니다(그림 1).

이후에도 1931년에 **폴리염화비닐 수지**(PVC)가, 1933년에는 **폴리에틸렌 수지**(PE)가 발명되는 등 차례차례 새로운 플라스틱이 개발되어 우리의 생활에서 활약하고 있답니다(그림 2).

화학의 힘으로 탄생한 플라스틱

▶ 초기의 합성수지 (그림 1)

초기의 합성수지는 천연수지의 대체재로 발명되어 실용화되었습니다.

셀룰로이드	베이클라이트(페놀 수지)

나이트로셀룰로스에 장뇌 같은 가소제(재료를 유연하게 만드는 물질)를 섞은 물질. 한때 일용품에도 널리 쓰였지만, 불에 타기 쉽다.

페놀과 폼알데하이드의 중합 반응으로 만든 수지. 절연성과 내수성이 높아 전기 제품에 쓰인다.

▶ 우리 주변의 플라스틱 (그림 2)

오늘날 생산량이 많은 플라스틱은 폴리에틸렌, 폴리프로필렌, 폴리염화비닐, 폴리스타이렌입니다.

폴리에틸렌(PE)

기름과 약품에 강해서 비닐봉지, 쓰레기봉투 등의 포장재, 세제 용기, 양동이 등 다양한 용도로 사용한다.

폴리프로필렌(PP)

비교적 열에 강하다. 세면기, 의류 보관함, 세탁기 받침대, 세탁조 등의 원료이다.

폴리염화비닐(PVC)

불에 잘 타지 않고 물에 가라앉는 성질이 있다. 식품 포장용 랩, 수도관, 호스 등에 들어가며 소파 표면에도 바른다.

폴리스타이렌(PS)

도시락 용기와 볼펜 축의 소재이다. 발포 스타이렌(스티로폼)은 단열성과 보습성을 활용해서 컵라면을 비롯한 식품 용기를 만들 때 쓰인다.

57 옛날부터 오늘날까지 쓰이는 세라믹이란 무엇일까?

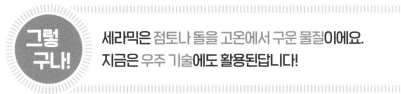

그렇구나! 세라믹은 점토나 돌을 고온에서 구운 물질이에요.
지금은 우주 기술에도 활용된답니다!

불을 사용하는 방법을 깨친 인류는 밥을 지을 수 있는 토기를 만들게 되었습니다. 도자기의 시초이지요. 시간이 흘러 토기에 유약을 발라 더 높은 온도에서 구운 도기가 등장했습니다. 유약이 표면에 유리로 된 피막을 만들면서 강도가 더욱 올라갔습니다. 도자기의 주원료인 '도석'이라는 소재로 1,300℃가 넘는 고온에서 구운 그릇은 자기라고 합니다.

이처럼 **점토나 돌을 가마에서 고온으로 구운 자재를 세라믹**이라고 합니다(그림 1). **내식성**(부식을 견디는 성질), **내열성**(열에 강한 성질), **절연성**(전기가 통하지 않는 성질)이 뛰어나며 단단하기까지 합니다. **단단해지는 것**은 가마에 구운 재료의 가루가 합쳐지면서(소결) 촘촘해졌을 때의 이야기지만요.

세라믹은 일용품 외에 우주선과 원자로의 외벽에도 쓰입니다. 게다가 천연 재료뿐만 아니라 인공 화합물을 원료로 이용하여 고유의 성질을 고도로 특화한 **파인 세라믹** 역시 여기저기에서 활약합니다(그림 2).

대표적인 파인 세라믹 소재인 산화알루미늄(Al_2O_3)은 내열성, 내마모성, 절연성이 높아 IC 기판과 절삭 공구를 만들 때 쓰입니다. 스마트폰에도 파인 세라믹으로 만든 부품이 한 대당 수백 개씩 들어갑니다.

녹슬지 않고 타지 않고 단단한 도자기

▶ 세라믹 (그림1)

세라믹은 넓은 의미로는 금속 외의 무기물(생물에서 유래하지 않은 물질)을 구워 단단하게 만든 소재를 가리킵니다. 녹슬지 않고 타지 않고 단단하다는 장점이 있지만, 충격을 받으면 깨지기 쉽고 급격한 온도 변화에 약하다는 단점도 있습니다.

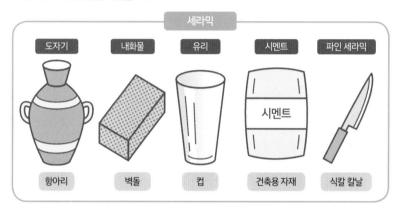

▶ 여러 가지 파인 세라믹 (그림 2)

고성능 세라믹은 다양한 곳에서 활약합니다.

재료		특징	주요 용도
산화지르코늄	ZrO_2	단단함, 끈끈함	식칼, 주머니칼, 산소 농도 측정
산화알루미늄	Al_2O_3	내열성, 내마모성, 절연성	IC 기판, 절삭 공구, 노즐
타이타늄산 바륨	$BaTiO_3$	높은 유전율[1]	콘덴서
타이타늄산 지르콘산 납	$Pb(Zr, Ti)O_3$	높은 유전율, 높은 압전성[2]	압전 소자
질화규소	Si_3N_4	고온 조건에서 높은 강도, 높은 내열성·충격성	자동차의 엔진과 베어링

[1] 전기장에서 전기 에너지를 저장하는 능력 - 옮긴이
[2] 전기 에너지를 기계 에너지로, 기계 에너지를 전기 에너지로 전환하는 성질 - 옮긴이

58 유통을 지탱하는 까만 액체?
휘발유를 정제하는 과정

 그렇구나! 휘발유는 원유를 정제해서 만들어요.
미국에서 채굴하면서 수요가 늘었어요!

주로 자동차의 연료로 쓰이는 휘발유. 최근에는 전기로 넘어가는 추세이지만, 여전히 전 세계의 물류를 지탱하는 주요 연료입니다. 그런 휘발유는 어떻게 발견되었고, 어떻게 만들어질까요?

정답은 '원유를 정제한다'입니다. 원유는 흑갈색에 끈끈한 액체입니다. 태곳적 생물의 사체가 오랜 세월에 걸쳐 지열과 압력을 받아 분해된 끝에 원유가 되는데요. 주성분은 각종 탄화수소이며 황, 산소, 질소 등의 불순물도 들어 있습니다. 탄화수소는 탄소 원자 수에 따라 메테인(CH_4), 에테인(C_2H_6), 프로페인(C_3H_8) 등 여러 종류가 있습니다.

1859년 미국에서 원유를 채굴하는 데 성공했고, 휘발유로 움직이는 자동차가 보급되면서 수요는 순식간에 늘었습니다. 휘발유를 만들려면 원유를 정제해야 합니다. 원유를 가열하면 끓는점이 낮은 탄수화물부터 차례대로 증발하는데, 그 증기를 분리·냉각해서 각 성분을 분류합니다. 이렇게 석유 제품을 정제하는 방법을 분별 증류라고 합니다(그림).

석유 중에서도 휘발유를 정제하는 다양한 방법이 개발되었는데요. 원유에 고온·고압을 가하는 열분해법(윌리엄 메리엄 버튼, 1912년 미국), 활성 점토를 촉매로 이용하는 촉매분해법(유진 후드리, 1936년 미국) 덕에 휘발유 생산량이 비약적으로 늘었습니다.

여러 탄화수소로 분해하는 원유 정제

▶ 원유의 성분과 분류

원유의 분류

원유는 350℃에서 가열한 다음 증류 장치에서 여러 종류의 석유 제품으로 나뉩니다. 각 석유 제품은 끓는점이 다르므로 원유를 가열할 때 만들어지는 기체로 분류할 수 있습니다.

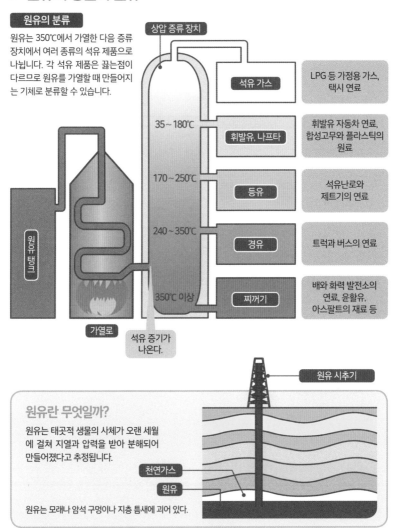

상압 증류 장치

석유 가스 → LPG 등 가정용 가스, 택시 연료

35~180℃ 휘발유, 나프타 → 휘발유 자동차 연료, 합성고무와 플라스틱의 원료

170~250℃ 등유 → 석유난로와 제트기의 연료

240~350℃ 경유 → 트럭과 버스의 연료

350℃ 이상 찌꺼기 → 배와 화력 발전소의 연료, 윤활유, 아스팔트의 재료 등

원유 탱크

가열로

석유 증기가 나온다.

원유 시추기

원유란 무엇일까?

원유는 태곳적 생물의 사체가 오랜 세월에 걸쳐 지열과 압력을 받아 분해되어 만들어졌다고 추정됩니다.

천연가스

원유

원유는 모래나 암석 구멍이나 지층 틈새에 괴어 있다.

59 핵분열은 어떻게 발견되고 연구되어왔을까?

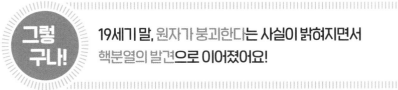

그렇 구나! 19세기 말, 원자가 붕괴한다는 사실이 밝혀지면서 핵분열의 발견으로 이어졌어요!

존 돌턴(➡ p.106)이 원자설을 주장한 이래로 사람들은 원자가 '변하지 않는 물질' 이라고 생각했습니다. 그런데 19세기 말, 미지의 방사선(X선)이 발견되었습니다. X선의 정체를 연구한 결과, 불안정한 원자는 방사선을 방출하고 다른 원자로 바뀌며, 반대로 원자에 방사선을 비춰도 다른 원자로 바뀐다는 사실이 밝혀졌습니다. 이 불안정한 원자, 즉 방사선을 방출하며 붕괴하는 원자를 방사성 원소라고 합니다 (그림 1).

이후 1938년, 오스트리아의 과학자 리제 마이트너는 우라늄 - 235라는 방사성 원소에 중성자를 흡수시키면 원소가 분열하며 엄청난 에너지를 방출하는 동시에 다른 원자가 만들어지는 핵분열을 발견했습니다. 우라늄 - 235가 핵분열할 때는 중성자 1개가 부딪쳐 흡수되면서 중성자가 여러 개 만들어집니다. 1939년 이탈리아의 물리학자 엔리코 페르미가 연쇄적으로 핵분열 반응을 일으키는 원리를 발견했고, 이는 원자 폭탄과 원자로의 발명으로 이어졌습니다(그림 2).

연쇄적인 핵분열 반응을 일으키려면 조건이 몇 가지 필요합니다. 핵분열을 일으킬 원자가 충분해야 하고, 중성자를 흡수할 만큼 적절한 속도도 필요하지요. 과학자들은 연구 끝에 핵분열을 일으키는 방사성 물질을 농축하고 감속재를 사용하는 등 구조를 설계해서 원자로를 만들어냈습니다.

에너지를 만드는 핵 연쇄 반응

▶ 방사성 물질은 어떻게 발견되었을까? (그림 1)

1895년 독일의 빌헬름 뢴트겐이 방사선(X선)을 발견했다.

1896년 프랑스의 앙리 베크렐이 우라늄 광석에서 미지의 광선이 나온다는 사실을 발견했다.

1898년 프랑스의 퀴리 부부가 방사선을 내뿜는 원소인 폴로늄과 라듐을 발견했다.

베크렐은 새까만 종이로 감싼 사진 건판 위에 우라늄을 올린 채 책상 서랍에 넣었는데요. 며칠 뒤 사진 건판이 빛에 반응한 것을 보고 우라늄에서 새까만 종이를 투과하는 광선이 나온다는 사실을 발견했다고 합니다.

▶ 방사성 물질의 붕괴와 핵분열 (그림 2)

방사성 원소의 붕괴 우라늄 - 238처럼 불안정한 원소는 방사선을 방출하며 안정된 원자로 바뀝니다.

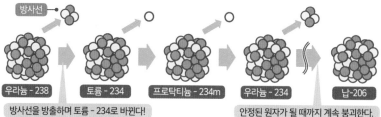

방사선

우라늄 - 238 | 토륨 - 234 | 프로탁티늄 - 234m | 우라늄 - 234 | 납-206

방사선을 방출하며 토륨 - 234로 바뀐다!

안정된 원자가 될 때까지 계속 붕괴한다.

핵분열과 연쇄 반응 우라늄 - 235에 중성자가 부딪치면 연쇄 반응이 일어납니다.

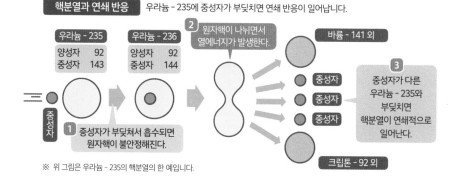

우라늄 - 235
양성자 92
중성자 143

우라늄 - 236
양성자 92
중성자 144

2 원자핵이 나뉘면서 열에너지가 발생한다.

바륨 - 141 외

중성자

1 중성자가 부딪쳐서 흡수되면 원자핵이 불안정해진다.

중성자
중성자
중성자

3 중성자가 다른 우라늄 - 235와 부딪치면 핵분열이 연쇄적으로 일어난다.

크립톤 - 92 외

※ 위 그림은 우라늄 - 235의 핵분열의 한 예입니다.

Q 가장 수명이 긴 전지는 무엇일까?

리튬
이온 전지 or 태양 전지 or 원자력 전지

충전해서 여러 번 쓸 수 있는 방식이 개발된 덕에 우리는 전지를 편리하게 사용하고 있는데요. 하지만 충전을 반복하다 보면 전지도 수명이 열화해서 언젠가는 못 쓰게 됩니다. 전지가 최대한 오래가면 좋겠지만, 지금까지 개발된 전지 중에서 가장 오래 쓸 수 있는 전지는 무엇일까요?

오늘날 가장 널리 쓰이는 전지는 **리튬 이온 전지**입니다. 화학 전지의 일종인 리튬 이온 전지는 계속 충전하다 보면 최대 충전 용량이 줄어들어 100% 충전해도 사용할 수 있는 시간이 짧아지면서 수명이 끝나는 특징이 있습니다. 사용 환경에 따라 다르지만, 전기 자동차를 안심하고 탈 수 있는 기간은 8~10년 정도라고 합니다.

태양광을 이용하는 **태양 전지**는 어떨까요? 2000년경부터 우주 정거장에 탑재되어 필요한 전력을 공급하고 있는데요. 우주 공간에서 방사선에 노출되기 때문에 태양 전지도 서서히 출력이 떨어집니다. 지상용 태양 전지 역시 자연환경에서 장기간 쓰이므로 오염과 파손으로 발전량이 떨어지면서 수명이 줄어듭니다. 태양 전지의 수명은 약 30년입니다.

1977년 발사된 우주 탐사선 보이저 1호는 47년이 지난 지금도 지구로 신호를 보내고 있습니다. 전력은 원자력 전지로 공급받고 있습니다. 온도 차에 따라 열을 전기로 변화하는 방식을 이용하는 원리로, 방사성 원소인 플루토늄이 붕괴할 때 나오는 열과 우주 공간 사이의 온도 차로 전기를 얻습니다. **원자력 전지**는 반감기[※]가 긴 방사성 원소를 이용하면 수명을 늘릴 수 있습니다.

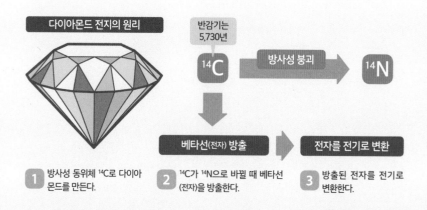

다이아몬드 전지의 원리

반감기는 5,730년

^{14}C 방사성 붕괴 ^{14}N

베타선(전자) 방출 전자를 전기로 변환

1 방사성 동위체 ^{14}C로 다이아몬드를 만든다.

2 ^{14}C가 ^{14}N으로 바뀔 때 베타선(전자)을 방출한다.

3 방출된 전자를 전기로 변환한다.

원자력 전지에는 **다이아몬드 전지**라는 구조가 있습니다. 방사성 물질에서 방출된 전자를 전기로 변환하는 구조인데, 적절한 방사성 물질을 사용하면 기대 수명이 수천 년까지 늘어난다고 합니다. 따라서 이번 문제의 정답은 '원자력 전지'입니다. 전류의 출력이 낮으므로 심장에 들어가는 페이스메이커부터 배터리를 교환할 수 없는 위험 지대의 관측 장치까지 폭넓은 용도로 활용할 수 있도록 연구 개발이 진행 중입니다.

※ 방사성 원소는 붕괴해서 다른 원소가 됩니다. 반감기는 방사성 원소의 방사선량이 절반으로 줄어드는 데 걸리는 시간입니다.

오늘날의 화학 용어를 정립한

우다가와 요안

(1798~1846)

산소, 질소, 수소, 염소 등 원소 이름이나 산화, 환원, 온도, 발효처럼 오늘날 쓰이는 화학 용어는 일본의 화학자 우다가와 요안이 서양의 책을 번역하면서 고안한 말입니다.

우다가와는 에도 시대 쓰야마번(현재 오카야마현 쓰야마시)의 의사였습니다. 19살에 의사가되어 한의학은 물론 네덜란드어를 익혀 서양의 지식까지 섭렵했습니다. 우다가와는 서양의 학술 서적을 여러 권 번역하는 한편, 그렇게 얻은 지식을 실험으로 확인했습니다. 서양에서 설사약으로 쓰이던 엡솜 솔트와 한약인 한수석을 실제로 핥아서 분석함으로써 둘이 황산 마그네슘이라는 같은 물질임을 밝혀내고 그 기쁨을 문장으로 남겼습니다.

그는 한약을 배우면서 서양의 의약품을 만들 때 화학 지식의 필요성을 느꼈습니다. 그래서 37세의 나이에 우다가와는 영국의 화학자 윌리엄 헨리의 화학 입문서 『화학 실험 개론(Elements of Experimental Chemistry)』을 일본어로 번역한 『사밀개종(舍密開宗)』을 펴냈습니다.

그는 단순히 원서를 일본어로 옮겼을 뿐만 아니라 당시 최신 화학책을 참고해서 해설을 함께 넣었는데, 책의 내용을 확인하기 위해 직접 공부하고 실험한 내용이 담겨 있습니다.

우다가와 요안이 『사밀개종』을 번역하면서 고안한 화학 용어는 지금도 널리 쓰이고 있습니다. 화학자들이 그의 용어를 채용함으로써 근대 화학이 시작되었다고 볼 수 있습니다.

제 **4** 장

당장이라도 친구들과 나누고 싶은 화학 이야기

"노벨 화학상을 받은 일본인 연구자는 누가 있을까?",
"바이오 연료의 장점은 무엇일까?", "녹색 화학이란 무엇일까?"처럼
재미있는 화학 이야기를 소개할 차례입니다.
당장이라도 친구에게 알려주고 싶어질 잡학상식을 알아볼까요?

60 노벨 화학상을 받은 일본인 연구자

일본에서 가장 많은 노벨상 수상자를 배출한 분야는
화학 분야예요. 지금까지 8명이 받았답니다!

노벨 화학상은 **화학 분야에서 인류에게 도움이 될 새로운 발견을 하거나 기존 성과를 개선한 과학자에게 주는 상**입니다. 그중에서도 노벨 화학상을 받은 일본인 과학자는 지금까지 8명인데요. 이들의 연구는 전 세계의 의약, 화학, 공업 분야에서 널리 응용되며 인류에 이바지하고 있지요. 이번 장에서는 노벨상을 받을 만큼 대단한 연구는 무엇이 있었는지 간단히 알아보겠습니다.

◆ 후쿠이 겐이치
화학 반응이 어떨 때 일어나고, 어떨 때 일어나지 않는지 밝혀냈어요!

화학 반응 과정을 이론적으로 연구한 공로로 상을 받았어요(1981년).

분자와 원자의 가장 바깥쪽 껍질에 있는 전자 궤도의 에너지가 화학 반응에 관여하는데요. 후쿠이는 이 에너지 차이가 작을수록 화학 반응이 잘 일어난다는 사실을 밝혀냈습니다. 가장 바깥쪽 최전선(프런티어)의 전자 궤도만 화학 반응에 관여한다는 점에서 따와 프런티어 궤도 이론이라고도 합니다. 반도체 실리콘 가공 기술과 의약품 개발에도 응용되는 이론입니다.

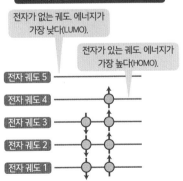

화학 반응과 관련된 전자 궤도

전자가 없는 궤도. 에너지가 가장 낮다(LUMO).

전자가 있는 궤도. 에너지가 가장 높다(HOMO).

전자 궤도 5
전자 궤도 4
전자 궤도 3
전자 궤도 2
전자 궤도 1

화학 반응은 LUMO와 HOMO의 에너지 상태에 따라 결정된다는 사실이 밝혀졌다.

◆ 시라카와 히데키

전기가 흐르는 플라스틱을 발견했어요!

전도성 고분자를 발견 및 개발한 공로로 상을 받았어요(2000년).

　페트병을 비롯한 플라스틱을 만드는 재료인 고분자 화합물은 전류가 흐르지 않는 물질로 여겨졌지만, 시라카와는 전류가 흐르는 플라스틱도 있다는 사실을 발견하고 원리도 밝혀냈습니다. 연구실의 유학생이 촉매량을 착각한 탓에 우연히 만들어진 전도성 고분자 필름에서 발견되었다고 하지요. 전도성 고분자는 스마트폰의 터치패널은 물론 수많은 분야에 응용되고 있습니다.

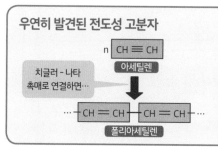

우연히 발견된 전도성 고분자

n CH ≡ CH
아세틸렌

치글러 - 나타
촉매로 연결하면…

… CH ≡ CH ─ CH ≡ CH …
폴리아세틸렌

시라카와는 조수와 함께 아세틸렌을 화학적으로 연결해서 폴리아세틸렌을 만드는 실험을 했습니다. 원래는 까만 가루 형태의 폴리아세틸렌이 만들어져야 했지만, 촉매의 농도를 잘못 조절해서 넣자 예상과 달리 얇은 막이 만들어졌습니다. 이 얇은 막의 발견을 계기로 전도성에 초점을 맞춰 연구한 끝에 전도성 고분자를 발견했습니다.

◆ 노요리 료지

분자는 같지만 구조가 다른 거울상 이성질체를 구분해서 만드는 데 성공했어요!

비대칭 촉매에 의한 수소화 반응 연구로 상을 받았어요(2001년).

　과거에는 화학 물질을 합성할 때 만들고자 하는 물질뿐만 아니라 거울에 비친 것처럼 구조가 좌우대칭인 물질도 함께 만들어지는 문제가 있었습니다. 구조의 차이로 독과 약처럼 성질이 완전히 달라지는 물질도 있었지만, 이를 인공적으로 구분해서 만들 수는 없었지요. 노요리는 BINAP이라는 촉매를 개발해서 특정 물질을 높은 비율로 만들어내는 비대칭 합성을 개발했습니다. 이는 화학 공업에서 매우 중요한 업적이랍니다.

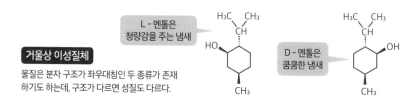

L - 멘톨은
청량감을 주는 냄새

D - 멘톨은
쿰쿰한 냄새

거울상 이성질체

물질은 분자 구조가 좌우대칭인 두 종류가 존재하기도 하는데, 구조가 다르면 성질도 다르다.

◆ 다나카 고이치

단백질 분자의 질량을 측정하는 데 성공했어요!

생체 고분자의 정체를 밝히고 구조를 분석하는 방법을 개발했어요(2002년).

물질의 질량(분자량)을 측정하려면 레이저가 필요했는데, 측정용 레이저가 단백질을 분해하는 바람에 단백질의 질량을 측정할 수 없었습니다. 다나카는 글리세린과 코발트의 혼합물로 단백질이 분해되지 않는 측정법을 개발했습니다. 암이나 당뇨병을 일으키는 단백질을 검출할 때처럼 의학 분야에서 유용하게 쓰이고 있습니다.

측정 원리

이온화한 단백질을 장치에 넣고 이동하는 데 걸린 시간을 계산해서 분자량을 측정한다. 분자가 클수록 질량이 크므로 시간도 오래 걸린다.

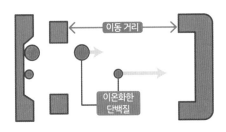

◆ 시모무라 오사무

유전자의 활동을 연구하는 데 필수적인 물질을 발견했어요!

녹색 형광 단백질을 발견하고 응용했어요(2008년).

자외선을 받으면 녹색으로 빛나는 단백질(녹색 형광 단백질, GFP)은 유전자 연구에 없어서는 안 될 물질입니다. 이 단백질을 발견하고 구조를 밝힌 인물이 시모무라 오사무입니다. GFP를 유전자(DNA)에 끼워 넣고 자외선을 비추면 유전자가 작용하는 위치와 시기, 그리고 어떻게 작용하는지를 추적할 수 있습니다. 오늘날 GFP는 생리학과 의학 연구에서 꼭 필요한 도구랍니다.

GFP를 활용하는 방법

1 표적 단백질 DNA에 GFP 단백질 DNA를 연결한다.

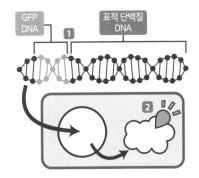

2 세포 안에서 녹색으로 빛나는 표적 단백질이 만들어진다.

◆ 네기시 에이이치   ◆ 스즈키 아키라

유기 화합물끼리 이어 붙였어요!

유기 합성 반응인 교차 커플링 반응을 발견했어요(2010년).

두 유기 화합물을 연결해서 새로운 유기 화합물을 만드는 반응을 커플링 반응이라고 합니다. 그런데 유기 화합물의 기본 골격 탄소(C)를 어떻게 연결할 수 있는지는 바로 얼마 전까지 밝혀지지 않았습니다. 네기시 박사는 팔라듐이라는 금속을 촉매 삼아 아연 화합물로 커플링 반응을 이끌어내는 방법을 발견했지요. 한편 스즈키 박사는 같은 팔라듐 촉매를 사용하면서 붕소 화합물로 커플링 반응을 일으키는 방법을 발견했습니다. 이러한 방법들은 의약품과 액정을 만들 때 쓰입니다.

교차 커플링 반응

R　　　R' ⇒✕⇒ R − R'

유기 화합물 R　　　유기 화합물 R'

1 탄소를 포함한 유기 화합물 끼리는 반응시켜도 연결되지 않는다.

R-ZnX ＋ R'-Y ⇒ R − R'

아연 화합물을 붙인다.　　하이드록시기를 붙인다.

2 팔라듐을 촉매로 사용하면 유기 화합물끼리 이어 붙일 수 있다.

◆ 요시노 아키라

위험한 리튬을 안전하게 충전할 수 있는 전지로 활용했어요!

2차 전지인 리튬 이온 전지를 개발했어요(2019년).

리튬은 고성능 전지의 재료이지만, 쉽게 반응하고 폭발할 위험성이 있습니다. 그런 리튬으로 안전한 충전식 전지를 개발한 인물이 바로 요시노 아키라입니다. 기억 효과(여러 번 충전하다 보면 용량이 처음보다 줄어드는 현상)의 영향을 받지 않으면서 스마트폰을 비롯한 전자 기기 및 전기 자동차 등 여러 분야에 활용되는 전지입니다.

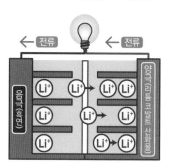

리튬 이온 전지의 원리

양극재로 리튬 코발트 산화물을, 음극재로 흑연을 사용해서 전자의 이동으로 전기의 흐름(전류)을 발생시킨다.

61 날달걀을 가열하면 왜 단단해질까?

그렇구나! 날달걀의 단백질은 열을 받으면 변성되는데, 응집되면서 하나의 커다란 덩어리가 되기 때문이에요!

날달걀은 걸쭉한 흰자와 그 안에 들어 있는 노른자이지만, 껍데기를 깨고 프라이팬에 부치면 액체였던 내용물이 굳지요. 그렇다면 열을 가했을 때 날달걀이 굳는 이유는 무엇일까요?

날달걀의 주성분은 수분 75%, 단백질 12%, 지질 10%입니다. 여기서 **단단해지는 물질은 단백질**입니다. 날달걀 상태에서 단백질은 입체 구조를 유지합니다. 하지만 날달걀을 가열하면 단백질의 입체 구조가 무너지면서(변성) 서로 엉겨 붙어(응집) 하나의 커다란 덩어리(응집체)가 됩니다(그림 1). 액체였던 날달걀에서 고체인 달걀 요리를 만드는 원리이지요.

참고로 **한번 변성·응집된 단백질은 원래 입체 구조로 돌아오지 않는답니다**. 부치거나 삶은 달걀이 날달걀로 돌아갈 수 없는 이유도 이 때문이지요.

하지만 최근 연구에 따르면 **샤페론**이라는 단백질이 응집된 단백질을 원래 상태로 풀어주는 작용이 있다고 합니다. **샤페론과 액체 날달걀을 넣고 가열하면 흰자가 굳지 않는다**는 사실도 밝혀졌습니다(그림 2).

앞으로 갈 길이 멀지만, 연구가 진행되면 언젠가 달걀 프라이를 날달걀로 되돌릴 수 있을지도 모르겠네요.

한번 변성·응집된 단백질은 원래대로 돌아오지 않는다!

▶ 단백질의 변성과 응집 (그림 1)

달걀을 가열하면 달걀의 단백질이 변성·응집해서 하나의 덩어리가 됩니다.

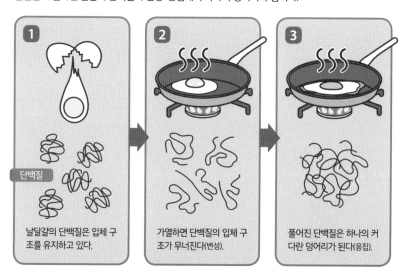

1 날달걀의 단백질은 입체 구조를 유지하고 있다.

단백질

2 가열하면 단백질의 입체 구조가 무너진다(변성).

3 풀어진 단백질은 하나의 커다란 덩어리가 된다(응집).

▶ 삶은 달걀을 날달걀로 되돌린다고? (그림 2)

샤페론이라는 단백질은 한번 응집한 단백질을 원래대로 풀어줍니다.

샤페론을 넣으면…

샤페론이란 무엇일까?

단백질이 작용하려면 입체 구조를 접어 넣어야 하는데, 샤페론은 이 입체 구조를 접어 넣는 작용을 돕는 단백질이다.

샤페론은 한번 응집된 단백질을 풀어줄 수 있다.

62 식품 첨가물은 무엇일까?

그렇구나! 나라에서 정한 기준에 따라 분류된 화학 물질이에요.
비타민 C는 산화 방지제랍니다!

슈퍼에서 파는 식품에서 '식품 첨가물'이라는 표기를 찾아볼 수 있는데요. 식품 첨가물이란 보존료, 감미료, 향신료, 착색료 등 식품을 가공·보존하기 위해 넣은 물질을 나타내는 표시입니다. 식품 첨가물은 **나라가 국민의 건강을 해치지 않도록 안전성을 평가해서** 사용해도 좋다고 허가한 화학적 합성품 또는 오래전부터 사람들이 섭취해온 경험을 바탕으로 사용이 허가된 물질입니다. 첨가물은 원재료와 혼동되지 않도록 함량이 많은 순으로 기재되어 있습니다.

그렇다면 이 식품 첨가물은 어떤 화학 물질일까요?

식품에 들어 있는 **비타민 C**를 예로 들어보자면 비타민 C의 정식 명칭은 L-아스코르브산($C_6H_8O_6$)입니다. **필수 영양소이기도 하지만, 사실 식품의 산화 방지제이기도 합니다.** 식품이 산소와 결합해서 변질·열화되지 않도록 막는 역할을 하는데요. 비타민 C는 산화되기 쉬워서 식물 대신 먼저 산화되기 때문이지요(그림 1).

햄과 소시지 같은 가공육이 가열 처리를 거쳤는데도 신선한 생고기처럼 선명한 빨간색을 띠는 이유는 **아질산 소듐이라는 발색제**가 들어 있기 때문입니다. 고기가 선명한 빨간색인 이유는 근육에 들어 있는 미오글로빈이라는 색소 때문인데, 아질산 소듐이 산화를 막으면 이 선명한 빨간색을 안정적으로 유지할 수 있습니다 (그림 2).

나라에서 안전성을 평가한 식품 첨가물

▶ 식품 첨가물 비타민 C (그림 1)

비타민 C는 여러 식품에 첨가물로 들어가는데, 목적에 따라 표시 방식도 다릅니다.

첨가제 L - 아스코르브산은 전분에서 만들어진 포도당을 발효해서 만든다.

산화 방지제

색과 향을 유지하기 위해 소량 넣으며, 이때는 산화 방지제(비타민 C)로 표기한다. 식품보다 먼저 산화되므로 식품의 산화를 막는다.

부풀어 오른 형태를 유지

성분 표시란에 비타민 C로 표기한다. L - 아스코르브산을 넣으면 빵 반죽이 잘 늘어나 탄력이 생기며 더 크게 부풀어 오르므로 식감이 좋아진다.

▶ 가공육에 들어가는 첨가물과 그 역할 (그림 2)

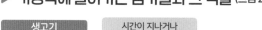

생고기

시간이 지나거나 가열하면 철이 산화한다.

 선홍색

 갈색

고기가 붉은 이유는 미오글로빈 때문입니다. 미오글로빈에 들어 있는 철이 산화하면 빨간색에서 갈색으로 변합니다.

가공육

1 생고기에 아질산 소듐을 넣는다. 고기에 들어 있는 젖산과 아질산 소듐이 반응해서 만들어진 아질산에서 일산화질소가 생성된다.

2 일산화질소가 미오글로빈의 철과 결합한다. 가열해도 철은 잘 산화되지 않는다.

3 가공육에서도 선명한 빨간색이 유지된다.

63 맛을 내는 성분이 있다고? 감칠맛 성분이란 무엇일까?

 감칠맛 성분의 정체는 글루탐산이에요! 이케다 기쿠나에가 발견했어요!

국을 끓일 때 육수가 있어야 맛있는 국물이 만들어지는데요. 육수의 감칠맛은 어디서 왔을까요?

일본의 화학자 이케다 기쿠나에는 아내가 사 온 다시마를 보고 **단맛, 짠맛, 신맛, 쓴맛이라는 네 가지 기본 맛** 외에 또 다른 성분이 있지 않을까 생각했습니다. 그리고 다시마를 끓여서 맛을 우려내어 결정화하는 실험을 반복한 끝에, 1908년 마침내 다시마 12㎏에서 글루탐산 소듐을 30g만큼 결정화하는 데 성공했습니다. 네 가지 기본 맛 이외에 맛을 구성하는 성분이 **글루탐산**임이 밝혀졌고, 이케다는 여기에 '**감칠맛**(우마미)'이라는 이름을 붙였습니다. 생물을 구성하는 단백질은 아미노산으로 이루어져 있는데, 글루탐산 역시 아미노산의 일종으로 생물의 세포에서 만들어집니다.

글루탐산을 분비하는 미생물을 발견한 이케다는 그 미생물의 발효 작용을 통해 글루탐산을 대량으로 만드는 방법을 연구했습니다. 그리고 **글루탐산을 원료로 감칠맛 조미료를 만드는 데 성공했지요**(그림 1).

이케다의 연구실에 재직하던 고다마 신타로는 1913년 **가다랑어포에서 이노신산 소듐**을, 야마사 연구소의 구니나카 아키라는 1957년 **말린 표고버섯에서 구아닐산 소듐**을 발견했습니다. 이러한 감칠맛 성분을 조합하면 시너지 효과가 생기면서 맛이 더 좋아진다는 사실이 밝혀졌습니다. 감칠맛 조미료는 감칠맛을 충분히 느낄 수 있도록 성분을 조합해서 만들어집니다(그림 2).

당밀을 발효해서 만드는 글루탐산 소듐

▶ 글루탐산을 만드는 과정 (그림1)

1 사탕수수에서 당밀을 추출해서 당밀액에 발효균을 넣는다.

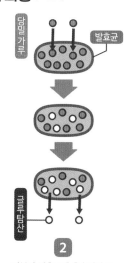

2 당분이 발효균에 흡수되어 글루탐산으로 만들어진 뒤 방출된다.

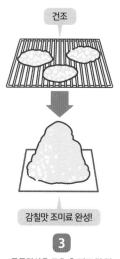

3 글루탐산을 모은 후 건조 및 결정화해서 글루탐산 소듐을 만든다.

▶ 여러 식품에 들어 있는 감칠맛 성분 (그림2)

채소와 다시마에 들어 있는 글루탐산, 고기와 생선에 들어 있는 이노신산, 버섯류에 들어 있는 구아닐산 등 식품에는 다양한 감칠맛 성분이 존재합니다.

글루탐산이 들어 있는 식재료	이노신산이 들어 있는 식재료	구아닐산이 들어 있는 식재료
● 다시마(200~3,400mg)	● 닭고기(150~230mg)	● 말린 표고버섯(150mg)
● 치즈(180~2,220mg)	● 소고기(80mg)	● 말린 그물버섯(10mg)
● 배추(40~100mg)	● 가다랑어(130~270mg)	
● 토마토(100~250mg)	● 돼지고기(130~230mg)	
● 아스파라거스(30~50mg)		
● 양파(20~50mg)		

※ 식재료 100g에 들어 있는 감칠맛 성분의 양.

64 가장 강력한 '최강의 독'은 무엇일까?

그렇구나! 독은 LD_{50}이라는 평가 기준에 따라 나뉘는데, 최강의 독은 보툴리눔 독소라고 해요!

사람의 몸을 위협하고 때로는 죽음에 이르게도 만드는 독. 독에 강한 사람이 있고 약한 사람이 있으므로 **독을 연구할 때는 LD_{50}이라는 수치로 독성을 평가**합니다.

LD_{50}은 Lethal Dose 50(반수 치사량)의 줄임말로, **한 번 투여했을 때 한 집단의 50%가 사망할 것으로 예상되는 투여량**을 가리킵니다. LD_{50}이 작을수록 독성이 강하고, LD_{50}이 클수록 독성이 약합니다(그림). 가령 카페인의 LD_{50}은 마우스 경구 실험 기준 185mg/kg인데요. 인간에 대입하면 몸무게 60kg인 사람이 카페인 11g을 먹었을 때 절반의 확률로 죽는다고 해석할 수 있습니다.

그렇다면 가장 독성이 강한 화합물은 무엇일까요? 정답은 바로 **보툴리누스균이 만드는 보툴리눔 독소입니다.** 보툴리눔 독소도 종류가 다양한데, 가장 독성이 강한 A형 보툴리눔 독소의 LD_{50}은 0.0000011mg/kg입니다. 1g으로 무려 2,000만 명의 목숨을 앗아갈 수 있다는 뜻이지요. 섭취하면 몸이 마비되면서 죽음에 이릅니다.

19세기 유럽에서는 소시지를 먹은 사람들이 치명적인 식중독에 걸린 사건이 있었는데, 보툴리눔 독소는 이 사건의 원인으로 지목됩니다. 독성이 높다는 특징을 이용해서 제2차 세계 대전 당시에는 보툴리눔 독소를 생물 무기로 이용하려는 연구가 진행된 적도 있지만, 지금은 생물 무기 금지 협약으로 개발·생산·보유가 전면 금지되었습니다.

독성의 평가 기준인 LD$_{50}$

▶ LD$_{50}$

독성의 치사량을 평가하는 수치로, 한 번 투여했을 때 집단의 50%가 사망할 것으로 예상되는 투여량입니다. 아래 표는 각 독의 LD$_{50}$ 수치입니다.

독성이 강한 물질

독의 종류	LD$_{50}$(mg/kg)	독의 유래
A형 보툴리눔 독소	0.0000011	보툴리누스균
테타노스파스민	0.000002	파상풍균
마이토톡신	0.00017	조류(藻類)
시가 독소 생성 대장균	0.001	병원성 대장균
테트로도톡신	0.01	복어
VX 가스	0.015	화학 무기
리신	0.03	아주까리
아코니틴	0.3	바곳
사린	0.5	화학 무기
비소	2	광물
청산가리	5~10	화학 합성

출처: 『독은 우리 몸에 어떤 작용을 하는가』

또 다른 최강의 독

왼쪽 표에는 없지만, 폴로늄 역시 독성이 매우 강한 물질입니다. 프랑스의 화학자 퀴리 부부가 발견한 방사성 원소 폴로늄은 실수로 실험실의 보관 용기에서 누출되는 바람에 기술자가 사망한 사건으로 그 독성이 알려졌다고 합니다.

먼지 한 톨만큼만 먹어도 알파 입자가 몸의 기능을 방해해서 죽음에 이르게 하며, 폴로늄을 이용한 독살 사건도 일어난 적이 있습니다.

대표적인 독

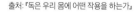

청산가리

정식 명칭은 사이안화포타슘. 공업 분야에서는 제련 및 도금을 할 때 청산가리를 이용한다. 섭취하면 중독 증상이 일어나 호흡이 마비되어 죽음에 이른다.

시가 독소 생성 대장균

O157(장 출혈성 대장균)처럼 식중독을 일으키는 병원성 대장균이 내뿜는 독소이다. 피에 들어가면 신장과 뇌에 장애를 일으키며 증상이 심해지면 생명이 위험할 수 있다.

사린

1938년 독일에서 개발된 유기인 계열 독이다. 무색무취의 액체이며 몸에 흡수되면 신경 기능을 파괴하고 호흡 장애를 일으킨다.

65 친환경적이고 편리한 촉매는 무엇일까?

그렇구나! 전 세계가 새로운 촉매를 개발하기 위해 노력하고 있어요. 노벨 화학상 수상자도 계속 나오고 있답니다!

촉매는 자기 자신은 변하지 않으면서 화학 반응이 잘 일어나도록 반응 속도를 높이는 물질입니다.

예를 들어 수소(H_2)와 아이오딘(I_2)을 섞으면 아이오딘화수소(HI)가 만들어집니다. 화학 반응이 일어나려면 에너지 수준이 높은 '활성화 상태'가 되어야 하는데요. 아이오딘화수소를 만드는 반응의 활성화 에너지는 174kJ(킬로줄)입니다. 활성화 에너지가 클수록 반응 속도는 느립니다. 이 반응에 백금(Pt)을 촉매로 넣으면 활성화 에너지는 49kJ까지 낮아져 반응 속도가 빨라지고 아이오딘화수소를 더 빠르게 얻을 수 있습니다(그림 1). 그리고 산소(O_2)와 수소(H_2)는 섞기만 해서는 반응하지 않지만, 촉매인 백금이 있으면 불을 붙이지 않아도 실온에서 급격히 반응이 일어납니다.

고온 고압 조건일 때만 일어나던 반응이 낮은 온도와 압력에서도 일어날 수 있는 이유는 촉매 덕분입니다. 불필요한 부산물이 생기기 쉬운 반응에서도 필요한 물질만 만드는 등 경제적, 환경적으로도 촉매는 꼭 필요한 물질이지요.

현대에도 촉매는 여러 방면에서 활약하고 있습니다(그림 2). 촉매가 개발된 덕에 노벨상을 받은 화학자도 수없이 등장했을 만큼 과학사에 큰 획을 그었다고 할 수 있습니다.

문제를 해결할 열쇠는 바로 사라지지 않는 촉매!

▶ 촉매 (그림1)

촉매는 자기 자신은 변하지 않으면서 화학 반응이 잘 일어나도록 반응 속도를 높이는 물질입니다. 반응에 필요한 에너지를 낮추기도 합니다.

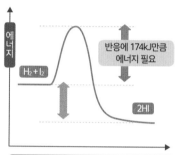

수소(H_2)와 아이오딘(I_2)을 가열해서 아이오딘화수소(HI)를 만들 때 활성화 에너지가 174kJ만큼 필요하다.

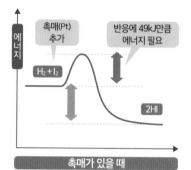

수소(H_2)와 아이오딘(I_2)에 백금(Pt)을 넣으면 아이오딘화수소(HI)를 만드는 데 필요한 활성화 에너지가 49kJ까지 낮아진다.

▶ 촉매의 대표적인 활용 사례 (그림2)

휘발유 차량의 배기가스 제거

엔진이 연소할 때 해로운 배기가스가 만들어지는데, 이를 정화하는 촉매가 탑재되어 있다. 백금족 원소가 촉매로 작용해서 해로운 가스를 제거한다.

백금 손난로

연료인 벤젠(탄화수소)을 천천히 산화·발열시키는 손난로에도 백금이 촉매로 들어간다.

암모니아 합성

사산화삼철(Fe_3O_4)이라는 촉매를 발견함으로써 암모니아를 효율적으로 합성할 수 있게 되었다(➡p.118).

휘발유가 연소하면서 배기가스(질소 산화물, 일산화탄소, 탄화수소)가 만들어진다.

촉매가 배기가스를 해롭지 않은 성분(질소, 이산화탄소, 물)으로 바꾼다.

배기가스와 배기구 사이에 배기가스를 정화하는 촉매를 설치한다.

Q 화학의 힘으로 날씨를 바꿀 수 있을까?

바꿀 수 있다	or	바꿀 수 없다

화학의 힘으로 비를 내리게 하거나 반대로 맑게 할 수 있다면…. 날씨를 자유자재로 조종할 수 있다면 편할 텐데 말이지요. 과연 인간의 힘으로 날씨를 마음대로 바꿀 수 있을까요?

사실 비를 내리게 하는 **인공 강우 기술은 이미 실용화되어 있답니다.** 따라서 정답은 '바꿀 수 있다'가 되겠네요. 이번 장에서는 인공 강우의 원리를 알아볼까요?

비가 내리려면 구름이 없어서는 안 되겠지요. 구름은 공기 중의 수증기가 자그마한 물방울(구름 입자)이 되어 하얗게 보이는 기상 현상입니다. 구름의 온도가 0℃ 밑으로 떨어지면 구름 입자가 얼어붙어 얼음 입자가 되고, 얼음 입자는 주변 구름 입자에 달라붙어 커지다가 아래로 떨어집니다. 얼음 입자가 그대로 떨어지면 눈이, 도중에 녹으면 비가 됩니다.

인공 강우는 **구름 씨앗**을 뿌리는 원리인데요, **비구름 속에 구름 입자가 될 씨앗을 뿌려서 구름 입자를 비 입자로 키우는 방법**입니다(그림).

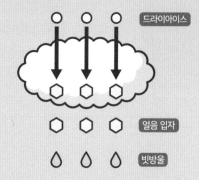

인공 강우의 예시

1 비행기로 구름 속에 씨앗(드라이아이스)을 뿌린다.

2 드라이아이스가 구름 속의 물방울을 얼려서 얼음 입자를 만든다.

3 얼음 입자가 커지고 무거워지면서 빗방울이 되어 땅으로 떨어진다.

드라이아이스

얼음 입자

빗방울

강설 억제, 안개 제거, 집중 호우 및 폭설 완화, 태풍 억제, 지구 온난화 억제 등 아직 연구 중이지만 인공 강우 외에도 기상 현상을 바꾸는 기술은 얼마든지 있습니다. 대규모로 씨를 뿌려 광범위한 구름을 생성함으로써 태양 광선의 반사율을 높여 온난화를 억제할 수도 있습니다. 하지만 한편으로는 **대규모로 씨를 뿌리는 행위가 지구의 기후에 예상치 못한 악영향을 불러올지도 모릅니다.**

기상 현상을 억제해서 태풍을 피하더라도 의도치 않게 다른 지역에 피해를 줄지도 모르지요. 기상 현상 조작은 점차 현실성을 띠고 있는 기술이지만, 전 세계가 인정하는 규칙을 세우고 그에 따라야 할 것입니다.

66 전기가 통하는 플라스틱이 있다고?

그렇구나!

1970년대에 전도성 고분자가 발견된 덕분에 터치패널을 구현할 수 있었어요!

전기가 통하는 물질이라면 금속이 대표적입니다. 하지만 2000년에 노벨 화학상을 받은 시라카와 히데키가 1970년대에 **전기가 통하는 플라스틱**(전도성 고분자)을 보고하면서 산업 분야에서는 이를 응용하게 되었습니다.

시라카와 박사가 발견한 전도성 고분자는 **폴리아세틸렌이라는 물질로 만들어진 필름**입니다. 탄소 두 개가 삼중 결합한 구조인 아세틸렌에서는 전기가 흐르지 않지만, 이중 결합과 단일 결합이 번갈아 반복되도록 아세틸렌을 이어 붙인 폴리아세틸렌은 전기가 흐르기 쉬운 상태입니다(그림 1).

그렇다면 폴리아세틸렌에 염소(Cl)와 브로민(Br) 같은 할로젠 원소를 더하면 어떻게 될까요?

할로젠 원소는 다른 원자로부터 전자를 빼앗기 쉬운 성질이 있어 폴리아세틸렌 일부에서 전자를 가져갈 수 있습니다. 그렇게 되면 전자가 들어가기 쉬운 구멍(양공)이 생기고, 이 구멍으로 전자가 이동합니다. 그리고 전자의 이동으로 전류가 생기면 **폴리아세틸렌 필름에 전류가 흐르게 됩니다.**

이 필름 덕에 스마트폰의 터치패널을 구현할 수 있게 되었지요(그림 2). 참고로 시라카와의 발명에는 우연의 힘도 작용했다고 합니다(➡ p.155).

전도성 고분자의 구조와 응용

▶ 전기가 통하는 플라스틱 (그림1)

시라카와 히데키는 폴리아세틸렌에 염소와 브로민 같은 할로젠 원소를 첨가했을 때 전기가 흐르는 현상을 발견했습니다.

일반 플라스틱

폴리아세틸렌은 오른쪽 그림처럼 아세틸렌(C_2H_2)이 여러 개 연결된 고분자로, 일반적으로 전기가 흐르지 않는다.

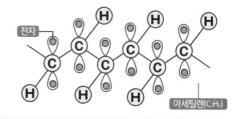

전기가 통하는 플라스틱

염소, 브로민, 아이오딘을 도핑※하면 전자가 끌려온다. 전압을 가하면 구멍(양공)으로 다른 전자가 이동하며, 이 과정을 반복하면 전자가 차례로 이동해서 전류가 흐른다.

1 도핑으로 전자를 끌어낸다.

2 빈 부분으로 전자가 이동한다.

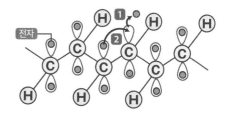

▶ 전도성 고분자의 용도 (그림2)

대전 방지제

정전기와 먼지로부터 전자 부품을 보호한다.

터치패널

스마트폰, ATM, 음식점 키오스크 등에 들어가는 터치패널의 투명 전극을 만들 때 쓰인다.

태양 전지

전기를 축적하는 부품인 전해 콘덴서와 신형 태양 전지의 재료가 된다.

※ 산화 환원 반응을 통해 전자를 이동시킴으로써 전도성 고분자의 전기 전도도를 높이는 과정 - 옮긴이

67 '꿈의 화학 물질'이 사실은 지구를 파괴하는 물질?

1928년 개발되어 각광을 받았던 프레온 가스는 사실 오존층을 파괴하는 물질이었어요!

대기 중의 오존(O_3)은 우주에서 내리쬐는 자외선을 흡수해서 사람들에게 해를 끼치지 않도록 막아주는 역할을 합니다. **프레온 가스는 성층권에 존재하는 오존층을 파괴하는 기체로**, 국제적으로 엄격하게 금지되었습니다.

프레온 가스의 정식 명칭은 **염화플루오린화탄소**(CFC)로, 탄소(C), 플루오린(F), 염소(Cl), 브로민(Br) 등으로 이루어진 화학 물질의 총칭입니다. 옛날에는 냉장고와 에어컨의 냉각용 가스(냉매)로 독성이 강하고 냄새가 지독한 암모니아를 사용했습니다. 그리고 1928년 미국의 가전제품 회사에서 독성이 약한 대체품을 연구한 결과 불에 타지 않고 인체에도 해롭지 않은 프레온을 합성하는 데 성공했습니다. **화학적으로 안정적인 프레온 가스는 '꿈의 화학 물질'로 환영받았고**, 냉매 외에도 스프레이 캔의 가스와 페인트 용제로 쓰였습니다.

그러나 1970년대 후반, **프레온 가스가 성층권에 도달하면 오존층을 파괴한다는 사실이 밝혀졌습니다**(그림 1). 1995년에는 생산을 중단하고 제품을 회수하는 한편 대체재가 될 물질도 탐색했습니다. 오존층을 파괴하지 않는 프레온 가스, 즉 **대체 프레온**입니다.

그러나 대체 프레온의 일종인 **HFC**(수소플루오린화탄소)는 이산화탄소보다 온실 효과가 1만 배 높은 물질이었습니다. 지금은 대체 프레온의 사용 빈도를 줄이는 한편 프레온 가스를 사용하지 않는 제품을 개발하기 위해 박차를 가하고 있습니다(그림 2).

프레온 가스는 오존층을 파괴한다!

▶ 오존층을 파괴하는 프레온 가스 (그림1)

프레온 가스는 성층권에 도달하면 자외선에 의해 분해되면서 오존을 파괴합니다.

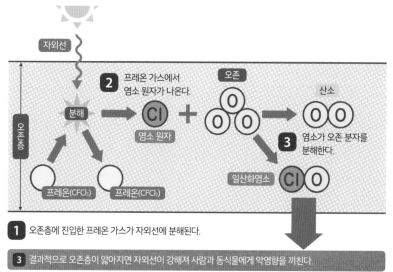

1 오존층에 진입한 프레온 가스가 자외선에 분해된다.

3 결과적으로 오존층이 얇아지면 자외선이 강해져 사람과 동식물에게 악영향을 끼친다.

▶ 프레온과 대체 프레온의 종류 및 특징 (그림2)

오존층을 파괴하는 프레온 가스 대신 대체 프레온이 개발되었습니다. 하지만 환경에 악영향을 끼치는 물질은 몬트리올 의정서와 교토 의정서에서 규제 대상으로 정해진 이후 사용하지 못하도록 금지될 예정입니다.

CFC (염화플루오린화탄소)	HCFC (수소염화플루오린화탄소)	HFC (수소플루오린화탄소)
성층권의 자외선에 닿아 분해되면 염소가 만들어져 오존층을 파괴하며 온실 효과도 크다. 1995년 생산이 중단되었다.	CFC보다는 오존층을 적게 파괴하는 프레온 가스. 온실 효과가 큰 탓에 선진국에서는 2020년까지 생산을 중단했다.	염소가 없어서 오존을 파괴하지 않는 대체 프레온 가스. 온실 효과가 커서 이후 사용이 제한될 예정이다.

68 바이오 연료의 장점은 무엇일까?

바이오 연료는 이산화탄소를 만들지 않는 탄소 중립 연료로 기대를 모으고 있어요!

바이오 연료는 미래의 청정에너지로 주목받고 있는데요. 바이오 연료가 정확히 무엇을 가리키는지 알아볼까요?

바이오 연료는 바이오매스(생물 자원)를 원료로 삼는 연료입니다. 화석 연료와 달리 이산화탄소를 흡수하는 식물로 만들지 않지요. 바이오 연료도 태우면 이산화탄소가 나오지만, 그 이산화탄소를 바이오 연료의 원료가 흡수하므로 이산화탄소는 순환하는 셈입니다. **연료를 태웠을 때 이산화탄소가 증가하지 않고 순 배출량이 0이 되는 방식이 바로 탄소 중립입니다**(그림 1).

예를 들어 바이오 에탄올은 옥수수로 만드는데요(그림 2). 바이오 에탄올을 태웠을 때 나오는 이산화탄소는 옥수수가 흡수해서 자라며 그렇게 자란 옥수수는 바이오 연료로 쓰이는 과정이 반복되지요. 현재 바이오 에탄올은 휘발유에 섞는 식으로 쓰이고 있습니다.

휘발유든 목재든 가스든 태우면 지구 온난화를 가속하는 이산화탄소뿐만 아니라 환경 문제를 일으키는 화학 물질도 방출합니다. 하지만 바이오 연료라면 이산화탄소를 줄일 수 있지요. 바이오 에탄올 외에도 **바이오 디젤, 바이오 가스** 같은 바이오 연료도 있습니다. 지구 온난화를 대비하기 위해 화석 연료를 대체할 연료로 바이오 연료를 활용할 수 있으리라고 기대를 모으고 있습니다.

휘발유에 섞어 쓰는 바이오 에탄올

▶ 탄소 중립 (그림 1)

온실 효과를 일으키는 가스의 '인위적 배출량'에서 나무와 숲을 심어서 유도한 '인위적 흡수량'을 뺀 실질적 배출량을 0으로 만드는 방법을 가리킵니다.

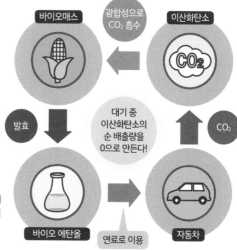

바이오 연료라면 연소할 때 배출되는 이산화탄소를 실질적으로 0으로 만들 수 있다.

▶ 바이오 연료를 만드는 방법 (그림 2)

바이오 에탄올은 사탕수수 같은 곡물을 발효·증류해서 만듭니다. 휘발유에 섞음으로써 휘발유의 대체재로 사용할 수 있습니다.

69 녹색 화학이란 무엇일까?

그렇구나! 환경 문제를 일으키지 않는 제조 기술 및 사고방식**이에요!**

플라스틱, 약 등 화학 덕분에 셀 수 없이 많은 물질이 탄생했습니다. 그런데 우리 주변의 친숙한 물질들을 만들거나 폐기할 때마다 독성 물질이 나온다면 앞으로 지구가 어떻게 될지 걱정이네요. 이러한 **환경 문제를 고려해서 제품을 만드는 연구가 바로 녹색 화학**입니다.

예를 들어 제2차 세계 대전 이래로 공중위생을 개선하기 위해 쓰였던 살충제 DDT는 사람의 생명을 위협하는 말라리아와 발진 티푸스를 예방하는 데 큰 효과를 보였습니다. 하지만 **서식하던 생물의 지방에 쌓이면서 그 생물을 먹은 동물을 죽일 정도로 엄청난 독극물**이었지요.

유해 물질이 포함된 자동차 배기가스, 오존층을 파괴하는 프레온 가스, 지구 온난화를 가속하는 이산화탄소와 메테인처럼, 편리하게 사용해왔던 제품에서 방출된 화학 물질이 지구의 환경을 파괴하고 목숨을 위협하고 있습니다. 이러한 배경 속에서 녹색 화학이 탄생했고, 총 **12개의 원칙이 제정**되었습니다(그림 1).

가령 나일론을 만드는 공정에는 아산화질소라는 온실 기체가 나오는데요. 아산화질소 분해 장치로 기체의 배출량을 줄이고 아산화질소가 만들어지지 않도록 청정 촉매를 개발하는 등, 나일론을 만들 때 환경에 주는 부하를 덜기 위해 녹색 화학 연구가 진행 중입니다(그림 2).

환경 문제를 줄이고자 한 녹색 화학

▶ 녹색 화학 (그림1)

유해 물질을 사용하지 않는다, 만들지 않는다, 자연으로 돌려
보낸다는 원칙을 지키는 제조 기술과 사고방식을 가리킵니다.

녹색 화학의 12가지 원칙

1 가능한 한 폐기물을 만들지 않는다.

2 원료를 합성할 때 쓸데없는 부산물을 최대한 만들지 않아야 한다.

3 반응물과 생성물은 인체와 환경에 덜 해로운 물질이어야 한다.

4 합성물은 독성이 적어야 한다.

5 해로운 보조 물질은 최대한 사용하지 않아야 한다.

6 에너지를 효율적으로 사용해야 한다.

7 가능한 한 재생할 수 있는 자원을 원료로 사용해야 한다.

8 중간 유도 물질의 생성을 최소화해야 한다.
(공정을 단순화해서 부산물을 줄여야 한다.)

9 촉매 반응을 이용해야 한다.

10 자연환경에서 분해되기 쉬운 제품을 만들어야 한다.

11 공정을 실시간으로 분석해야 한다.
(약품을 과도하게 사용하지 않아야 한다.)

12 사고가 일어나지 않도록 안전한 화학 물질을 사용해야 한다.

폐기물 감소!

환경 문제에 대한
사람들의 관심이
높아지면서 대통령
으로부터 행정관으
로 임명되었던 미
국의 과학자 폴 아
나스타스가 1998
년에 12가지 원칙
을 제창했다.

▶ 아산화질소를 줄이는 과정 (그림2)

나일론을 만들 때는 반드시 아디프산을 원료로 사용합니다. 이 때문에 나일론을 합성할 때 아산화질
소가 배출되므로 아산화질소를 분해하는 장치가 있어야 합니다.

사이클로헥세인 → (고온 고압에서 산화) → 사이클로헥세인 + 사이클로헥산올 → (질산으로 산화) → 아디프산(나일론의 원료) + 아산화질소(온실 기체) → 공장에서는 분해 장치를 달아 배출량을 줄인다!

70 페트병은 어떻게 재활용될까?

그렇구나!
옷을 만드는 물리적 재활용과
페트병을 만드는 화학적 재활용이 있어요!

분리수거함에 들어가 회수된 페트병은 어떻게 될까요? 바로 **물리적 재활용** 또는 화학적 재활용을 거치게 된답니다.

물리적 재활용은 **폐기물을 부수거나 녹여서 새로운 제품을 만들 재료로 활용하는 방법**입니다. 분리수거된 페트병 중 투명하고 불순물이 묻지 않은 것들만 선별한 다음 잘게 부수고 씻어서 건조하면 깨끗한 재생 PET 플레이크가 됩니다. 녹여서 틀에 찍어내거나 섬유로 뽑아내면 옷이나 달걀판 같은 제품으로 재탄생하지요(그림 1). 하지만 불순물을 완전히 제거할 수는 없기에 이 과정을 반복하다 보면 PET 수지가 열화된다는 단점이 있습니다.

한편 화학적 재활용은 **폐기물을 화학적으로 분해해서 원료 상태까지 되돌린 다음 재활용하는 방법**인데요. 유색 페트병도 재활용할 수 있는 데다 양질의 PET 수지를 얻을 수 있는 방법입니다. 씻어서 잘게 부순 PET 플레이크를 화학 분해해서 불순물을 제거합니다. 이를 전용 반응기에서 화학적으로 합성(중합)하면 새로운 PET 수지가 만들어지는데, 이를 원료로 재생 페트병을 만드는 것입니다(그림 2). 그 밖에도 부숴서 씻은 PET 수지를 낮은 압력에서 고온 처리해서 불순물을 제거하는 방법도 있습니다.

▶ 페트병의 물리적 재활용 (그림 1)

수거한 페트병을 기계로 짜부라뜨린 다음 재생 PET 플레이크
로 잘게 부수고 녹이면 의류로 재활용할 수 있습니다.

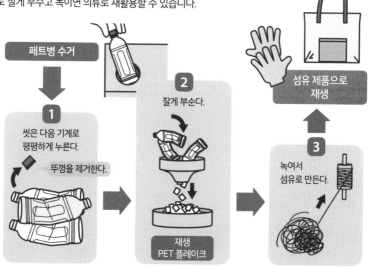

페트병 수거

1 씻은 다음 기계로
평평하게 누른다.

뚜껑을 제거한다.

2 잘게 부순다.

재생
PET 플레이크

3 녹여서
섬유로 만든다.

섬유 제품으로
재생

▶ 페트병의 화학적 재활용 (그림 2)

1
수거한 페트병을 씻고 잘
게 부숴서 PET 플레이크
로 만든다.

2 PET
플레이크
＋
에틸렌글리콜

재생 PET
수지 원료

에틸렌글리콜에 PET 플
레이크를 반응시키면 재
생 PET 수지 원료로 분
해된다.

3
재생 PET 수지 원료를
농축한 다음 재결합을 반
복해서(재중합) PET 수지
를 만든다.

PET 수지를
녹이면

재생 페트병 완성

71 환경에 좋은 생분해성 플라스틱

플라스틱 처리 및 폐기 문제를 해결하기 위해
자연 분해되는 플라스틱 연구가 진행되고 있어요!

우리 주변을 조금만 둘러보면 금방 플라스틱을 찾아볼 수 있는데요. 기존 플라스틱은 싸고 튼튼해서 널리 쓰이지만, 버리고 나면 **시간이 지나도 썩지 않고 자연에 그대로 남아 있습니다**. 물론 땅에 묻어도 흙으로 돌아가지 않지요.

과학자들은 이 문제를 해결하기 위해 서둘러 **생분해성 플라스틱**을 개발하고 있습니다. **자연의 미생물이 물과 이산화탄소로 완전히 분해할 수 있게 만드는 것**이 이상적인 목표입니다.

가령 **폴리젖산**이라는 소재는 미생물의 발효로 옥수수 같은 식물의 전분에서 젖산을 만들어내는 과정을 반복(중합)함으로써 만들어집니다(그림 1). 아쉽게도 폴리젖산은 보통 흙에는 묻어도 분해되지 않지만, 온도 60℃, 습도 60% 이상인 유기농 퇴비에서는 이산화탄소와 물로 분해됩니다. 이를 계기로 현재 과학자들은 **흙에서도 분해되는 소재, 바닷물에서도 분해되는 소재** 등 다양한 생분해성 플라스틱을 연구 개발하고 있습니다.

생분해성 플라스틱은 비용이 많이 들고 물에 약하다는 단점이 있습니다. 하지만 생분해성 플라스틱으로 만든 쓰레기봉투에 음식물 쓰레기를 담아 수거해서 퇴비로 활용할 수도 있고, 농업용 필름으로 만들어 수확이 끝난 뒤 농지에서 활용하려는 시도도 있습니다(그림 2).

자연으로 돌아가는 생분해성 플라스틱

▶ 생분해성 플라스틱 (그림1)

생분해성 플라스틱은 미생물에 의해 이산화탄소와 물로 분해되어 자연으로 돌아가는 플라스틱입니다.

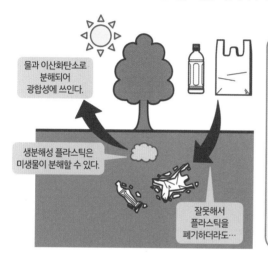

물과 이산화탄소로
분해되어
광합성에 쓰인다.

생분해성 플라스틱은
미생물이 분해할 수 있다.

잘못해서
플라스틱을
폐기하더라도…

주요 생분해성 플라스틱

폴리젖산

미생물이 식물의 전분을 발효해서 만든 젖산을 중합(여러 개 결합)한 물질이다. 특정 조건을 만족할 때만 분해된다.

미생물 폴리에스터

미생물이 식물성 기름을 발효시켜서 만든 소재로, 흙에서도 분해된다.

▶ 생분해성 플라스틱의 대표적인 용도 (그림2)

퇴비용 음식물 쓰레기 봉지

쓰레기

퇴비

가정에서 나오는 음식물 쓰레기를 수거해서 퇴비로 만들 봉지의 원료이다.

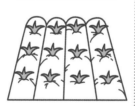

농업용 멀칭 필름

작물의 뿌리 부분을 덮어 수분이 증발하지 않도록 억제한다. 수확이 끝나고 땅에 묻으면 분해되어 흙으로 돌아간다.

낚싯대와 낚싯줄

수거하지 못하고 자연에 남아도 바다를 오염시키지 않도록 낚시도구를 만들 때 활용하는 시도도 이루어지고 있다.

Q 수만 년 전의 화석을 조사하려면 어떤 원소를 분석해야 할까?

수소 〉 or 〉 철 〉 or 〉 탄소

땅속 깊이 묻혀 있는 동식물의 화석이 몇만 년 전에 만들어졌는지는 어떻게 알 수 있을까요? 과학자들은 원소를 분석해서 화석으로 만들어진 생물이 살았던 연대를 조사한답니다. 그렇다면 그 원소는 무엇일까요?

모든 물질은 원소로 이루어져 있습니다. 원소의 상태를 분석하면 화석의 연대를 알아낼 수 있는데, **그 열쇠는 바로 방사성 동위원소입니다.** 방사성 동위원소란 같은 원소이면서 질량이 다른 동위원소 중 방사선을 내뿜는 원소를 가리킵니다. 트리튬(삼중수소, 3H)이 대표적인 예입니다.

우주에서 최초로 태어난 원소는 **수소**입니다. '트리튬을 단서로 이용할 수 있지 않을까? 하고 생각할 수 있지만, 트리튬은 반감기(에너지를 방출해서 양이 반으로 줄어드는데 걸리는 기간)가 약 12년밖에 되지 않아 60년까지밖에 측정할 수 없습니다. 그래서 화석이 아니라 지하수의 연대를 측정할 때 활용되고 있습니다.

그렇다면 우리 주변에서 흔히 볼 수 있는 **철**은 어떨까요? 철의 방사성 동위원소인 철-60(^{60}Fe)은 반감기가 약 260만 년입니다. 하지만 안타깝게도 지구상에 거의 존재하지 않아 화석을 분석하는 데 적합하지 않습니다. 철-60은 초신성이 폭발할 때 만들어진 것으로 추정되며, 해저에서 검출한 철-60으로 지구 가까이에서 발생한 초신성 폭발의 연대(약 300만 년 전)를 추정하는 연구가 진행 중입니다.

마지막으로 **탄소** 역시 탄소-14(^{14}C)라는 방사성 동위원소가 있습니다. 살아 있는 식물은 광합성으로 이산화탄소를 흡수하므로 대기와 같은 비율로 탄소-14가 존재합니다. 하지만 식물이 죽으면 이산화탄소를 흡수하지 못하므로 나무 안의 탄소-14는 점점 줄어듭니다. 그리고 탄소-14가 줄어드는 속도는 일정합니다. 따라서 **화석의 탄소-14와 대기 중의 탄소-14의 비율을 비교하면 나무가 살아 있던 연대를 추정할 수 있습니다.** 따라서 정답은 '탄소'입니다.

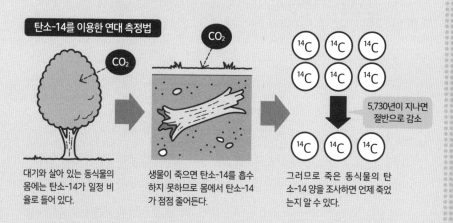

탄소-14를 이용한 연대 측정법

CO_2 / CO_2 / ^{14}C ^{14}C ^{14}C ^{14}C ^{14}C ^{14}C

5,730년이 지나면 절반으로 감소

^{14}C ^{14}C ^{14}C

대기와 살아 있는 동식물의 몸에는 탄소-14가 일정 비율로 들어 있다.

생물이 죽으면 탄소-14를 흡수하지 못하므로 몸에서 탄소-14가 점점 줄어든다.

그러므로 죽은 동식물의 탄소-14 양을 조사하면 언제 죽었는지 알 수 있다.

72 천연 화합물을 인공적으로 만들 수 있을까?

그렇구나! 천연물은 합성할 수 없다는 인식이 있었지만, 1824년 프리드리히 뵐러가 합성에 성공했어요!

과거의 과학자들은 자연(생물)이 만든 천연 화합물을 **유기 화합물**이라고 부르며 인간이 생명의 힘을 빌리지 않고 만들어낼 수는 없다고 생각했습니다. 사람들은 유기 화합물이 생물의 생명력으로 합성된다는 '생물론'을 오랫동안 믿어왔습니다.

그런데 1824년 이 생물론에 의문을 제기하는 사건이 일어났습니다. 독일의 화학자 프리드리히 뵐러가 **생물의 힘을 빌리지 않고 요소[(NH₂)₂CO]를 합성**하는 데 성공한 것이지요.

요소는 사람의 오줌에 들어 있는 물질입니다. 사이안산 암모늄을 만들기 위해 사이안산염과 염화암모늄 용액을 가열한 뵐러는 하얀 결정을 얻었습니다. 이 결정의 정체는 요소였고, 가열한 두 물질은 모두 무기 화합물이었습니다. 그러니까 **뵐러는 그야말로 의도치 않게 무기 화합물에서 유기 화합물을, 그것도 생물의 몸 밖에서 인공적으로 만들어낸 것입니다**(그림 1).

뵐러의 실험 이후 인류는 복어 독인 테트로도톡신처럼 복잡한 천연 유기 화합물까지 인공적으로 합성할 수 있게 되었습니다(그림 2). 심지어 플라스틱처럼 천연물이 아닌 물질마저 합성했습니다. 오늘날에는 유기 화합물을 사람의 손으로 만들어낼 수 있으므로 '일산화탄소와 이산화탄소 같은 무기물을 제외하고 탄소를 포함한 화합물'로 유기 화합물을 정의합니다.

천연물 합성의 시작은 요소의 인공 합성

▶ 뵐러의 실험 (그림 1)

1824년 뵐러는 무기 화합물에서 유기 화합물인 요소를 합성하는 데 성공했습니다.

뵐러는 사이안산 암모늄이 만들어지리라고 생각했지만, 실험에서 얻은 하얀 결정을 분석한 결과 결정의 정체는 요소였다고 합니다.

▶ 인공적으로 합성한 복어 독 (그림 2)

복어 독인 테트로도톡신은 인공적으로 합성(전합성)하기 매우 어려운 천연물로 알려졌습니다. 하지만 1972년 일본의 화학자 기시 요시토가 테트로도톡신을 전합성하는 데 성공했습니다.

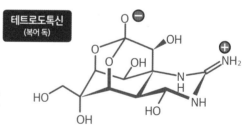

테트로도톡신의 분자 구조를 분석하고, 합성한 물질에 독성이 있으면 테트로도톡신과 일치한다고 판단했다.

복어는 복어 독을 만들 수 없다고?

사실 테트로도톡신은 복어가 만드는 독이 아니랍니다. 테트로도톡신을 품고 있는 생물은 바닷속에 많은데, 미생물부터 먹이 사슬이 이어져 복어의 몸에 독이 쌓인 결과이지요. 따라서 바다 밑바닥에서 10m 이상 떨어진 높이를 유지한 양식장에서 키운 양식 복어는 독이 없습니다. 하지만 천연물이 섞여 있을 가능성도 있으므로 '독 없는 복어'로 시장에서 팔 수는 없다고 합니다.

73 화학의 힘으로 분석한다! 파괴 검사와 비파괴 검사

비파괴 검사로 과거에 그린 그림을 훼손하지 않고 성분을 추정할 수 있어요!

맨눈으로는 알 수 없는 현상도 화학의 힘이 있으면 알아낼 수 있지요. 대표적인 사례가 바로 **과학적 검사**입니다. 검사하려면 대상을 분석해야 하는데, **분석 대상을 녹여서 용액으로 만든 다음 분석하는 방법을 파괴 검사, 분석 대상을 훼손하지 않고 X선 같은 빛을 비추어 분석하는 방법을 비파괴 검사**라고 합니다.

비파괴 검사는 빛(전자파)을 비췄을 때 일어나는 산란광 또는 투과광을 분석하는 방법이 많지만(그림), 초음파처럼 빛이 아닌 요소를 이용하는 방법도 있습니다.

예를 들어 네덜란드의 화가 요하네스 베르메르는 그림에서 파란색을 표현할 때 당시 매우 귀중했던 라피스 라줄리라는 광물로 만든 물감을 아낌없이 사용했다고 합니다. 한편 파란색 광물이라면 그렇게 비싸지 않은 애저라이트(남동석)도 있습니다.

이 둘을 구분할 때는 **X선 형광 분석법**이라는 방법을 이용합니다. 애저라이트에는 구리가 들어 있으므로 **X선 형광 분석에서 구리가 검출된다면 애저라이트라고 판단**할 수 있기 때문입니다. 그리고 라피스 라줄리에는 특징적인 원소가 들어 있지 않지만, 분말 X선 회절 분석법으로 라피스 라줄리 광물 결정임을 분석하는 데 성공했다는 연구가 있습니다. 그 밖에도 광물에 포함된 동위원소로 작성 연대를 추정하는 방법도 있습니다.

전문 지식과 꾸준한 연구가 필요한 과학적 분석

▶ 비파괴 검사

전자파 또는 X선을 비추어 어떤 물체인지 분석하는 검사입니다.

그림을 분석하는 X선 형광 분석법

대상에 X선을 비추면 쓰인 물감에 들어 있는 원소의 종류를 알 수 있다. X선이 원소에 도달하면 원소는 형광 X선이라는 형태로 고유의 에너지를 방출한다. 이를 단서 삼아 원소를 추정할 수 있다.

목간을 분석하는 적외선 분석법

목간은 먹으로 글을 쓴 나뭇조각이며 먹은 적외선을 흡수한다. 문화재에 적외선을 비추어 글자를 선명하게 만들 수도 있고 미술품의 밑그림을 확인할 수도 있다.

과일의 당도를 확인하는 적외선 분석법

과일의 당도 역시 근적외선(가시광선에 가까운 적외선)으로 측정할 수 있다. 대상에 근적외선을 비추면 특정 파장의 빛만 흡수해서 흡광도를 통해 당도를 확인할 수 있다.

Q 인공적으로 사람을 만들 수 있을까?

만들 수 있다 or 만들 수 없다 or 미래에는 가능하다

사람의 몸은 99%가 11개의 원소로 이루어진 화학 물질입니다. 다시 말해서 사람의 몸을 이루는 원소를 갖추면 인공적으로 사람을 만들 수 있다는 의미인데… 과연 실제로도 가능할까요?

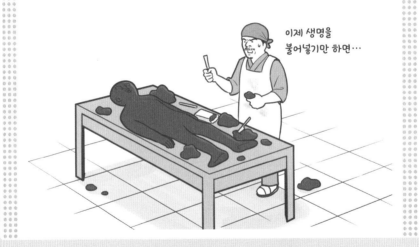

이제 생명을
불어넣기만 하면…

안타깝게도 현대 화학으로는 세균 같은 단순한 구조의 생물조차 인공적으로 재현할 수 없답니다. 사람은 무생물에서 생명을 만들어내지 못합니다. 생명의 구조는 너무나도 복잡해서 설계도도 순서도 여전히 밝혀지지 않았기 때문이지요.

사람은 37조 개의 세포로 이루어져 있고, 세포를 구성하는 단백질의 종류는 10만 종입니다. 저마다 독자적인 형태(입체 구조)가 있고 이 형태에 따라 제각기 주어진 작

용(기능)을 합니다.

지금은 **끈 형태의 인공 단백질을 만들어도 인위적으로 접어서 특정 입체 구조를 만들 수 없습니다.** 그리고 모든 단백질의 입체 구조를 분석하려면 굉장히 오랜 시간이 걸리는 탓에 불가능한 수준입니다(지금은 컴퓨터로 단백질의 입체 구조를 추정하는 방법으로 연구가 진행되고 있습니다).

하지만 인간이나 과거에 살았던 공룡을 인공적으로 합성할 수는 없더라도 그와 비슷한 무언가를 만들고자 하는 시도는 진행 중입니다. 그중 하나가 **인공 세포를 만드는 연구**입니다.

2010년 미국의 크레이그 벤터 연구소는 스스로 증식하는 인공 세포를 만드는 데 성공했다고 발표했습니다. 세균의 유전체(모든 유전 정보)를 디지털화해서 생명 활동에 필수가 아닌 유전자를 제외한 인공 유전체를 설계하고, 이를 DNA를 제거한 세균의 세포에 집어넣자 유전체가 치환되었습니다. 하지만 유전체의 규모가 큰 세균에 이식하기는 어려우므로 앞으로도 연구할 부분이 많습니다. 따라서 정답은 '만들 수 없다'이지만, 미래에는 가능할지도 모릅니다.

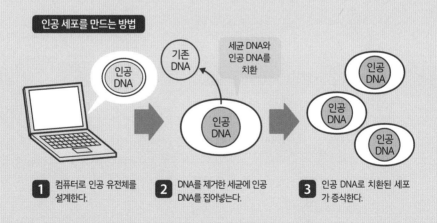

인공 세포를 만드는 방법

1 컴퓨터로 인공 유전체를 설계한다.

2 DNA를 제거한 세균에 인공 DNA를 집어넣는다.

3 인공 DNA로 치환된 세포가 증식한다.

두 화학 물질을 발견한 화학자
다카미네 조키치
(1854~1922)

다카미네 조키치는 소화제 '다카다이아스테이스'를 개발했으며 세계 최초로 아드레날린을 추출하는 데 성공한 일본의 화학자입니다. 의사였던 아버지와 양조업이 가업이었던 어머니 사이에서 태어난 다카미네는 여러 학문을 배우며 화학에 큰 흥미를 느끼게 되었고, 대학에서 화학을 공부한 뒤에는 유럽에서 산업을 배우기 위해 유학을 떠났습니다. 귀국한 그는 농림수산성에서 일본주 양조 과정을 개선하는 한편 일본인의 식생활을 돕기 위해 과인산 비료를 제조하는 화학 비료 회사를 세웠습니다.

다카미네는 맥아가 아닌 쌀누룩으로 위스키를 만드는 아이디어를 떠올리고 미국으로 건너갔지만, 문제가 생기는 바람에 사업은 좌절되고 말았습니다. 하지만 쌀누룩의 효소가 위에서 전분의 소화를 도우리라고 생각한 다카미네는 누룩에서 소화 효소인 아밀레이스를 저렴하게 대량으로 추출하는 방법을 발견했습니다. 이 효소는 소화제 다카다이아스테이스로 상품화되면서 엄청난 성공을 거두었습니다.

같은 시기에 화학계에서는 동물의 장기인 부신에서 혈압을 높이는 분비물을 추출하기 위해 고심하고 있었습니다. 이때 다카미네와 그의 조수였던 우에나카 게이조가 소의 부신에서 분비물을 발견했고 추출까지 해냈습니다. 부신의 영어 명칭인 'adrenal gland'에서 따와 이 분비물에는 아드레날린이라는 이름이 붙었고, 오늘날 혈압상승제로 의료에서 널리 쓰이고 있습니다.

참고문헌

『「高校の化学」が一冊でまるごとわかる』竹田淳一郎 (ベレ出版)

『現代化学史 原子・分子の科学の発展』廣田襄 (京都大学学術出版会)

『身のまわりのありとあらゆるものを化学式で書いてみた』山口悟 (ベレ出版)

『絶対に面白い化学入門 世界史は化学でできている』左巻健男 (ダイヤモンド社)

『錬金術の歴史―近代化学の起源―』E.J. ホームヤード (朝倉書店)

『読むだけで身につく化学千夜一夜物語』太田博道 (化学同人)

『イラスト&図解 知識ゼロでも楽しく読める! 元素のしくみ』栗山恭直 監修 (西東社)

『マンガでわかる生化学』武村政春 (オーム社)

『元素の事典』馬淵久夫 (朝倉書店)

『元素大百科事典』渡辺正 監訳 (朝倉書店)

『元素118の新知識』桜井弘 編 (講談社)

『理科年表』国立天文台 編 (丸善出版)

『世界の見方が変わる元素の話』ティム・ジェイムズ (草思社)

『新しい科学』(東京書籍)

『化学・意表を突かれる身近な疑問』日本化学会編 (講談社)

『化学大図鑑プレミアム』桜井弘 監修 (ニュートンプレス)

『エピソードと人物でつづるおもしろ化学史』竹内敬人監修 (日本化学工業協会)